Mein Zebrafink

Foto

Name:

Alter: Geschlecht:

Erworben von:

am: Gewicht:

Besondere Merkmale:

Ringnummer:

Hinweise zur Pflege für die »Urlaubsvertretung«

Fütterungsplan:	Medikamente:	Sonstiges:

Anschrift des nächsten Tierarztes:

Telefonnummer:

Horst Bielfeld

Unser Zebrafink

Franckh-Kosmos

Mit 22 Farbfotos von H. Reinhard (4; S. 17, S. 18, S. 56), H. Schrempp (1; S. 35), H. Bielfeld (17; S. 36/37, S. 38, S. 55) und 23 Schwarzweißzeichnungen von B. Skoda (17; S. 6, S. 8, S. 10, S. 22, S. 23, S. 29, S. 43, S. 45, S. 47, S. 48, S. 49, S. 50, S. 51, S. 57, S. 58), A. Bauer (3; S. 15, S. 20, S. 21), M. Golte-Bechtle (2; S. 25, S. 33), G. Gossner (1; S. 32).

12 Vignetten von M. Golte-Bechtle.
Vorlagen für die Käfigzeichnungen stellte uns freundlicherweise die Firma Wagner und Keller, Ludwigsburg, zur Verfügung.

Umschlaggestaltung von Atelier Reichert, Stuttgart unter Verwendung von vier Farbdias von Reinhard-Tierfoto (3) und Horst Bielfeld (Vorderseite unten links).

Die Deutsche Bibliothek –
CIP-Einheitsaufnahme

Bielfeld, Horst:
Unser Zebrafink / Horst Bielfeld. – 3. Aufl. –
Stuttgart : Franckh-Kosmos, 1995
ISBN 3-440-07036-0

3. Auflage/1995

ISBN 3-440-07036-0
Printed in Germany / Imprimé en Allemagne
Satz: G. Müller, Heilbronn
Herstellung: Huber KG, Dießen

Alle Angaben in diesem Buch sind sorgfältig geprüft und geben den neuesten Wissensstand bei der Veröffentlichung wieder. Da sich das Wissen aber laufend weiterentwickelt und vergrößert, muß jeder Anwender prüfen, ob die Angaben nicht durch neuere Erkenntnisse überholt sind. Dazu muß er zum Beispiel bei Behandlungsvorschlägen den Tierarzt konsultieren, Beipackzettel zu Medikamenten lesen, Gebrauchsanweisungen und Gesetze beachten.

Unser Zebrafink

Systematik

Die Stellung des Zebrafinken im Vogelreich

Der Zebrafink gehört zur Ordnung der Sperlingsvögel (Passeriformes). Zu dieser Ordnung werden etwa 5100 Arten gerechnet, das sind mehr als die Hälfte aller lebenden Vogelarten. Über 4000 Arten der Sperlingsvögel gehören zu den Singvögeln (Passeres), so auch der Zebrafink. Die Unterordnung Passeres umfaßt mannigfaltig entwickelte Vogelformen, die wir auf allen Erdteilen finden. In der Unterordnung der Singvögel bilden die Prachtfinken (Estrildidae) eine Familie, der etwa 131 Arten angehören. Eine davon ist der Zebrafink (*Taeniopygia guttata*); der Gattung *Taeniopygia* ist nur eine Art zugeordnet. Der Zebrafink hat ja auch keine sehr nahen Verwandten. Am ähnlichsten ist ihm ei-

Bezeichnungen der wichtigsten Körper- und Gefiederteile beim Zebrafinken.

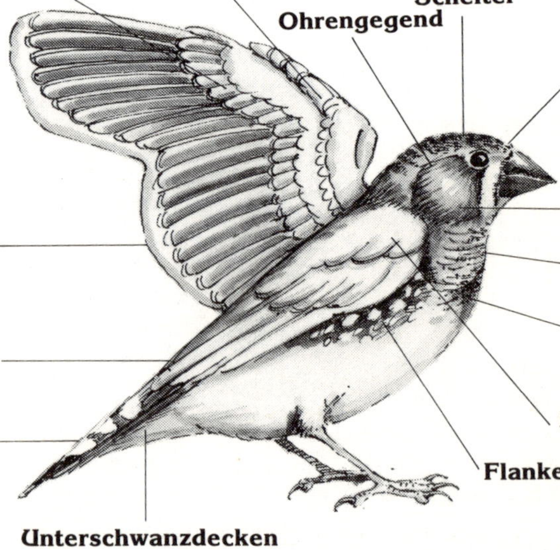

Lebensraum

nerseits die Ringelamadine (*Stizoptera bichenovii*), andererseits die Maskenamadine (*Poephila personata*).
Die Zebrafinken-Art ist noch in zwei Unterarten aufgeteilt: eine davon ist der Timor-Zebrafink (*Taeniopygia guttata guttata*), die andere der Australische Zebrafink (*Taeniopygia guttata castanotis*). Die letztgenannte Unterart wird fast in ganz Australien angetroffen. Nur die Insel Tasmanien sowie der äußerste Südwesten und der äußerste Südosten des Kontinents werden nicht vom Australischen Zebrafinken (*Taeniopygia guttata castanotis*) besiedelt. Somit ist er von allen australischen Prachtfinken am weitesten verbreitet.
Der Timor-Zebrafink bevölkert die Insel Timor und einige der Kleinen Sundainseln.

Vom Freileben des Zebrafinken

Von allen australischen Prachtfinken hat der Zebrafink das größte Verbreitungsgebiet. Mit Ausnahme der meisten Küstenregionen und dichter Waldgebiete im Osten und Nordosten besiedelt er fast den ganzen Kontinent. Der Zebrafink bevorzugt das offene Grasland mit verstreuten Busch- und Baumgruppen. Man trifft ihn jedoch auch in Trockengebieten an, wo nur noch Büschel von Spinifex-Gras oder Akaziensträucher Nistmöglichkeiten bieten. Lebensnotwendig für den Zebrafinken sind Wasserstellen in der Nähe seines Brutplatzes und daß Regenfälle die Gräser sprießen und ihre Samen heranreifen lassen. So wagte sich der Zebrafink in Gebiete vor, in denen der Mensch durch Brunnen und Viehtränken für Wasser sorgte. Nicht nur in die fast wüstenhaften Gebiete ist der Zebrafink dem Menschen gefolgt, sondern auch in das Weideland, in Gärten und Parkanlagen der Städte. Der Zebrafink ist also zum Kulturfolger geworden. So trifft man ihn heute an vielbefahrenen Straßen, an und in Gebäuden, so wie bei uns die Haussperlinge.
In den Gebieten, die zeitweise trockenfallen, wird der Zebrafink zum Zugvogel. Er wandert dann vorübergehend – manchmal in großen Schwärmen – in wasserführende Zonen aus, in denen er täglich trinken und baden kann.
In die Trockengebiete kehren die Zebrafinken erst dann wieder zurück, wenn die Regenzeit eingesetzt hat. Nun ist nicht nur Wasser, sondern auch Futter im Überfluß vorhanden. Neben frischreifen Grassamen und anderen Sämereien nimmt der Zebrafink dann vermehrt tie-

Lebensraum

rische Nahrung – vor allem Insekten – auf, um damit seine Jungen zu füttern. Die Zebrafinken sind jahreszeitlich nicht an eine feste Brutzeit gebunden. Ihre Brutperiode wird erst dann ausgelöst, wenn die Regenzeit beginnt. Sie kann in den riesigen Gebieten Australiens zu unterschiedlichen Zeiten einsetzen oder sogar ganz ausbleiben. Dort lebt der Zebrafink als Nomade, während er in den optimalen Lebensräumen seßhaft bleibt. Hier reiht er Brut an Brut. Gebiete, die rasch trockenfallen, verläßt der Zebrafink oft schon nach einer Brut.

Zebrafinken leben gesellig. Während der Brutperiode finden sich die Paare aus kleinen Schwärmen – bestehend aus 40–100 Vögeln – zusammen, um in lokkeren Kolonien zu brüten. Neben der Paarbindung gibt es also auch noch einen Schwarmzusammenhalt. Auf bestimmten Bäumen oder Büschen treffen sich die Vögel mehrmals täglich. Morgens versammeln sich die Zebrafinken, um gemeinsam zur nahegelegenen Wasserstelle zu fliegen. Dort trinken und baden sie ausgiebig, danach gehen sie auf Nahrungssuche. Auch im Laufe des Tages gibt es Zusammenkünfte auf den Schwarmbäumen. Dort ruhen sie gemeinsam und putzen – auch gegensei-

Bevor der Zebrafink Nahrung sucht, trinkt er ausgiebig.

tig – ihr Gefieder. Gemeinsam wird auch gesungen und zugehört. Gegen Abend fliegen die Vögel in kleinen Gruppen zu ihren Schlafbäumen, wo sie paarweise ihre Nester aufsuchen.

Auch wenn die Zebrafinken brüten oder Junge versorgen müssen, behalten sie die Schwarmzusammenkünfte bei. Sie legen auch ihre Nester in der Nähe ihrer Schwarmgenossen an und fliegen oft gemeinsam auf Futtersuche. Diese Verhaltensweise dient der größeren Sicherheit: Die Vögel warnen sich gegenseitig vor Feinden und können diese manchmal auch durch ihr gemeinsames Zetern in lauten, hohen Trompetentönen vertreiben.

Zum Nestbau für die Brut sucht sich jedes Paar einen geeigneten Busch oder Baum aus. Stehen nur wenige in einer Gruppe zusammen, nisten auch zwei oder mehrere Paare in einem Busch oder Baum. Sind die Zebrafinken auch außerhalb der Brutzeit im gleichen Gebiet seßhaft, dann legen sie in den gleichen Bäumen oder Büschen auch ihre Schlafnester an. Sie dienen häufig als Basis für ihre Brutnester. Zum Bau verwenden sie kleine Zweigstückchen, Gräser und Pflanzenfasern, zur Auspolsterung sammeln sie Tierhaare und Federchen. Manchmal wird auch ein altes Nest einfach ausgebessert und gepolstert.

Ein neues Nest wird häufig in einer Astgabel oder einem Astquirl angelegt. Dornige Sträucher werden bevorzugt. Häufig nisten die Zebrafinken auch in der Nähe von Wespennestern oder im Unterbau von Greifvogelhorsten. Beide Partner teilen sich die Arbeit: Das Männchen trägt vornehmlich das Nistmaterial herbei, das das Weibchen dann verarbeitet. Das fertige Brutnest sieht kugelförmig oder etwas länglich aus. Es ist nicht besonders kunstvoll und fest. Meistens hält es aber Stürmen und Regengüssen gut stand.

Täglich legt das Weibchen ein Ei, bis das Gelege mit durchschnittlich 4 bis 6 Eiern vollständig ist. Es gibt auch Gelege von nur 2 oder 4, (meistens von sehr jungen Weibchen) aber auch solche mit 7 oder gar 8 Eiern. Wenn die Vögel auch schon oft vor dem Legen für längere Zeit im Nest sitzen, so beginnen sie doch erst dann fest zu brüten, wenn das Gelege vollständig ist. Die Jungen schlüpfen nämlich alle innerhalb von einem oder zwei Tagen. Je nach Witterung und Störungen am Nest ist der Schlupftermin 13 bis 16 Tage nach Brutbeginn.

Beim Brüten lösen sich Männchen und Weibchen in der Regel nach zwei Stunden ab. Nachts sitzen beide Eltern auf dem Gelege. Tagsüber verlassen die Vögel das Nest, ohne zurückzukehren, wenn die Temperatur über 38 °C im Schatten ansteigt. Während der Ablösung begegnen sich die Partner nur flüchtig, denn der brütende Vogel verläßt schon das Gelege, wenn sich der andere dem Nest nähert, dabei macht er sich durch Kontaktrufe bemerkbar. Das Männchen bringt zur Brutablösung meist ein Federchen oder einen Grashalm mit und verarbeitet das Material im Nest.

Die frischgeschlüpften Jungen sehen rosig aus und tragen nur wenige graue Dunen auf der Oberseite. Ihr anfänglich hornfarbener Schnabel wird innerhalb von 3 bis 4 Tagen schwarz. Im Alter von 8 bis 10 Tagen öffnen sich die Augen der Jungen. Dann brechen auch die Schwungfedern durch, nach knapp zwei Wochen auch das übrige Gefieder.
Während der ersten 10 Lebenstage werden die Jungen ständig von einem der Altvögel gehudert. Danach werden sie tagsüber auch schon alleingelassen. Bei der Fütterung wird den Jungen die im Kropf vorgeweichte Nahrung unter pumpenden Bewegungen in den Rachen gedrückt. Dabei hält das Junge den Schnabel des Altvogels mit dem eigenen fest umschlossen. Betteln die Jungen in den ersten Tagen nur mit sehr leisen Lauten, so steigern sie sich nach und nach zu einem durchdringenden

Gutgetarntes Brutnest in einer Astgabel.

Rückblick

Gezeter, das viele Meter weit vernehmbar ist.
Im Alter von rund drei Wochen verlassen die Jungen zum erstenmal das Nest. Meist sind sie dann schon recht flugtüchtig. Sie bleiben allerdings ganz in der Nähe des Nestes und werden nach wenigen Stunden vom Vater wieder dorthin zurückgelockt. Die Kurzausflüge wiederholen sich in den ersten Tagen, bis die Jungen immer sicherer im Fliegen werden. Dann begleiten sie die Eltern zur Futtersuche und zu den »Sozialstundentreffs« mit den anderen Schwarmmitgliedern. Die fremden Vögel können die Jungen von ihren Geschwistern und Eltern schon unterscheiden, und zwar vor allem an den Stimmen. Mit knapp sechs Wochen, also 2–3 Wochen nach dem Flüggewerden, sind die jungen Zebrafinken selbständig. Sie kehren dann immer noch in ihr altes Brutnest zurück, um darin zu übernachten. Ihre Eltern haben inzwischen ein neues Nest gebaut und oft schon zu brüten begonnen. Die selbständigen Jungvögel halten sich tagsüber mit den Jungen anderer Paare und mit nichtbrütenden Altvögeln zusammen im »Sozialviertel« auf. Hier lernen sie das Schwarmverhalten kennen und bald auch ihren späteren Partner. Mit ihm bleibt ein Zebrafink sein Leben lang zusammen.

Wie die Zebrafinken zum Menschen kamen

Am Anfang des vorigen Jahrhunderts wurde der Zebrafink von dem französischen Naturforscher Vieillot beschrieben. Bald darauf folgte eine Beschreibung von John Gould; er hielt sich von 1838–1840 in Australien auf. Ob er damals schon lebende Zebrafinken mitbrachte, ist unbekannt. Nach verschiedenen Quellen zu urteilen, sind Zebrafinken schon vor 1850 oder auch erst 1860 lebend nach Europa gekommen. In der »Gefiederten Welt« von 1872 wird ihre Zucht als nichts Außergewöhnliches betrachtet, so ist anzunehmen, daß sie damals schon etliche Jahre in menschlicher Obhut waren. Nach Berichten von Dr. Karl Russ wurden schon gegen Ende des vorigen Jahrhunderts bei uns Zebrafinken zahlreich nachgezüchtet.
Als dann 1921 mit den »Weißen«, 1927 mit den »Zimtern« und 1935 mit den »Schecken« die ersten Farbspielarten

auftraten, erfuhr die Zucht der Zebrafinken einen weiteren Aufschwung. Dieser Trend setzte sich nach dem 2. Weltkrieg fort. In England wurde schon 1952 ein Spezialclub für Zebrafinkenzüchter gegründet, die »Zebrafinch Society«. Es folgten 1969 Holland und 1974 Belgien mit ihren Zebrafinkenclubs. Schließlich wurde auch in Deutschland 1983 die »Deutsche Zebrafinken-Interessengemeinschaft AZ/DKB« gegründet. Diese Spezialclubs tun viel zur Verbesserung der Zebrafinken und ihrer Farbspielarten. Seit den 60er Jahren ist eine Anzahl von Farbschlägen hinzugekommen, so daß tatsächlich eine Betreuung durch erfahrene Züchter notwendig erscheint. Die Zebrafinken werden immer zahlreicher ausgestellt. Damit eine Bewertung der einzelnen Farbspielarten möglich ist, wurde ein Standard für jede einzelne aufgestellt.

Überlegungen vor dem Kauf

Sicherlich ist der Wunsch nach einer Gesellschaft von Zebrafinken bei Ihnen schon einige Zeit vorhanden. Wenn Sie sich für diese Vögel entschieden haben, dann sollten Sie ein Mensch sein, der gern beobachtet und sich an den Verhaltensweisen und dem lustigen Miteinander der Zebrafinken erfreut; denn diese Vögel sind vorwiegend mit sich und ihresgleichen beschäftigt. Sie suchen nicht den persönlichen Kontakt zu ihrem Pfleger, können allerdings recht zutraulich werden. Wenn Sie für die Zebrafinken einen möglichst großen Käfig anschaffen, ihnen die notwendige Pflege zukommen lassen, dann sind sie eigentlich ganz zufrieden. Im Gegensatz zu einem einzelnen Papagei, Wellensittich oder auch Kanarienvogel sind die Zebrafinken nicht von Ihrer Zuwendung abhängig. Sie können die Vögel tagsüber oder auch für ein langes Wochenende allein lassen, ohne daß es ihnen schadet. Richten Sie also den großen Käfig ein, bevor Sie losgehen, um Zebrafinken zu kaufen. Futter und Wasser sollten bereitstehen, bevor die Vögel Einzug halten. Danach ist es für die Zebrafinken wohltuend, wenn sie erst einmal Ruhe haben, um sich in ihrer neuen Umgebung zurechtzufinden.

Gesund sollen sie sein

Beim Zoofachhändler oder Züchter werden Sie meistens einen kleinen Schwarm Zebrafinken vorfinden. Ent-

Kauf

weder sitzen die Vögel in einem engen Käfig oder tummeln sich in einer Voliere. In beiden Fällen wird es nicht leicht für Sie sein, die Vögel zu unterscheiden und die Wahl zu treffen. Bringen Sie deshalb für den Kauf viel Geduld und Zeit mit. Die Vögel sollen ja gesund sein und Ihnen nicht gleich Probleme bereiten. Sehen Sie sich darum beim Zoofachhändler oder Züchter gründlich um, und achten Sie darauf, ob die Käfige und die Vögel sauber und gepflegt aussehen. Sonst gehen Sie lieber zu einem anderen Anbieter.
Bevor Sie beginnen, die Zebrafinken endgültig auszuwählen, sollten Sie die Vögel zuerst aus einiger Entfernung beobachten. Dann fühlen sie sich nicht beunruhigt und zeigen ihr normales Verhalten. So können Sie schon Unterschiede bei den Vögeln feststellen, was ihr Temperament und ihr Verhalten betrifft.
Ein gesunder Zebrafink ist schlank mit sauberem, anliegendem Gefieder und zeigt sich sehr lebhaft. Steckt er immer wieder seinen Kopf ins Rückengefieder und will schlafen, auch wenn die anderen Vögel um ihn herum munter sind, dann ist er bestimmt krank. Er sitzt aufgeplustert herum, hat meistens trübe, halbgeschlossene Augen und ist in seinen Bewegungen unsicher oder hektisch. Manch kranker Zebrafink sitzt auch in gekauerter Haltung ständig vor dem Futternapf, stochert im Futter herum oder dreht ein Korn lange im Schnabel hin und her, um es schließlich fallen zu lassen oder mit der Hülse zu schlucken. Ein Vogel mit diesen Verhaltensweisen sollte nicht in die engere Wahl gezogen werden.
Haben Sie Ihre Wahl getroffen, dann lassen Sie sich die herausgefangenen Vögel noch einmal vom Züchter oder Zoofachhändler zeigen, während er sie in der Hand hat. Mit dem Finger können Sie fühlen, ob das Brustbein sehr spitz ist. In diesem Fall hat der Vogel meistens eine Leberkrankheit und magert immer mehr ab.
Schauen Sie sich auch das Aftergefieder an. Ist es verschmutzt, dann leidet der Vogel an einer Darminfektion. Gibt er in der Hand des Züchters bei sauberem Aftergefieder wäßrigen Kot ab, so ist das nur auf die Aufregung des Gefangenwerdens zurückzuführen. Die wäßrigen Ausscheidungen geben sich, sobald der Vogel sich beruhigt hat.
Beim Kauf sollten Sie vor allem darauf achten, daß die gewählten Zebrafinken makellose Zehen und Krallen haben. Bei dieser Gelegenheit kontrollieren Sie am besten noch den Fußring: Die Nachzuchten von Mitgliedern der AZ oder DKB sind meistens beringt. Die geschlossenen Ringe werden den Nestlingen im Alter von 8 bis 10 Tagen übergestreift. Wächst dann das Fußgelenk, geht der Ring nicht mehr abzuziehen. Er ist quasi der Ausweis des Vogels, denn er enthält neben dem Geburtsjahr die Mitgliedsnummer des Züchters, zudem eine laufende Zahl, unter der der Vogel im Zuchtbuch eingetragen ist.
Wenn Sie alle diese Ratschläge beim Kauf der Zebrafinken beachtet haben,

dann haben Sie die bestmögliche Gewähr, muntere, gesunde und junge Vögel mit nach Hause zu nehmen. Dazu noch ein Tip: Transportieren Sie die Vögel in einer kleinen Faltschachtel. Darin können sie sich nicht verletzen, was in einem Käfig sehr wohl möglich ist. Nur bei einer Fahrt, die mehrere Stunden dauert, ist ein flacher Transportkäfig, ausgestattet mit Futter und Wasser, erforderlich.

Ein Pärchen, nur Männchen oder Weibchen?

Vermutlich werden Sie dazu neigen, sich ein Zebrafinken-Paar anzuschaffen. Sie haben dann zwar zwei verschieden aussehende Vögel, die aber am besten miteinander harmonieren, denn das Verhalten der Zebrafinken ist vornehmlich auf das paarweise Zusammenleben ausgerichtet. Nach einer Eingewöhnungszeit werden die Vögel brüten und Junge aufziehen. Das bedeutet, daß Sie von vornherein für einen sehr großen Käfig sorgen müssen. Gleichzeitig sollten Sie sich aber auch nach einem Abnehmer für die Jungvögel umsehen. Vielleicht wird Ihr Zoofachhändler die Jungen übernehmen. Alle Jungvögel können Sie selbst nicht behalten, denn in drei Bruten pro Jahr – es können auch mehr werden – sind etwa 10 bis 15 Jungvögel zu erwarten.

Die Vögel vom Brüten abzuhalten, wird schwer sein. Sie können das Paar zwar zeitweise trennen, auch Nistmaterial oder Nistkörbchen und -kästen wegnehmen, doch sind das keine Dauerlösungen. Am besten ist es, nach drei Bruten den Vater mit ein paar Söhnen, die Mutter mit Töchtern in getrennten Käfigen unterzubringen. Nistgelegenheiten dürfen nicht geboten werden, denn sonst fangen die Jungvögel schon zu balzen bzw. zu legen an. Nach einem halben Jahr der Ruhe, einschließlich Mauser, werden sie wieder zusammengesetzt, damit sie wieder brüten können.

Wollen Sie den ganzen Aufregungen der Brut und Jungenaufzucht aus dem Wege gehen, dann sollten Sie nur Männchen pflegen. Sie vertragen sich meistens sehr gut, singen viel und sind untereinander sehr gesellig.

Wenn Sie Männchen verschiedener Farbschläge halten, haben Sie eine bunte Gesellschaft beieinander.

Mehrere Weibchen zusammen zu halten, ist ebenfalls möglich. Doch wenn ihnen Schlafnester angeboten werden, kann sich ihr Bruttrieb regen, und das Eierlegen geht los. Unter Umständen legt jedes Weibchen täglich ein Ei, natürlich mit einigen Unterbrechungen. Wegen des schlichteren Aussehens werden die Weibchen allein nicht so gern gepflegt. Auch kommt es vor, daß sie sich streiten oder daß gegenseitiges Federrupfen beginnt.

Käfige und Volieren

Unterbringung

Der richtige Käfig

In ihrem Lebensraum überbrücken die Zebrafinken meist keine weiten Strekken, vielmehr ziehen sie es vor, von Baum zu Baum oder von Busch zu Busch zu huschen. Dennoch sind die Vögel recht flugtüchtig, lebhaft und bewegungsfreudig. Deshalb sollten die Zebrafinken in einem möglichst großen Käfig untergebracht werden, in dem sie die Möglichkeit haben, fliegend von einer Sitzgelegenheit zur anderen zu wechseln. Von den Kleinkäfigen, die im Handel als besonders preiswert angeboten werden, sollten Sie Abstand nehmen. Sie reichen für die Vögel nicht aus, wenn sie auf Dauer gesund und vital bleiben sollen.

Kaufen Sie gleich einen Käfig von mindestens 70 cm Länge, 40 cm Breite und 50 cm Höhe. Er reicht für ein Pärchen aus, einige Wochen lang auch noch für ihren Nachwuchs. Für die Jungen sollten allerdings zwei weitere, gleich große Käfige bereitstehen, damit Männchen und Weibchen getrennt untergebracht werden können. Hält man sie dagegen zusammen, dann brüten die Jungen häufig schon nach vier Monaten. Für Jungvögel ist es günstiger, wenn sie erst im Alter von 9 bis 10 Monaten mit der ersten Brut beginnen. Wer die Jungen nicht behalten will, kann sie gleich nach dem Selbständigwerden abgeben.

Beim Kauf des Käfigs sollten Sie darauf achten, daß er rechteckig ist und keinerlei Schnörkel und Verzierungen hat. Ein schlicht gebauter Käfig läßt sich einfacher reinigen. Von den „Luxus-Vogelheimen“ mit Winkeln und Erkern ist abzuraten, weil sich dort die Zebrafinken leicht verletzen können. Kaufen Sie einen Käfig, dessen Gitterstäbe nicht weiter als 12 mm auseinanderstehen. Die meisten Käfige sind nämlich für Kanarien und Wellensittiche gedacht,

Beim Kauf des Käfigs sollte man darauf achten, daß er rechteckig ist und keinerlei Schnörkel und Verzierungen hat.

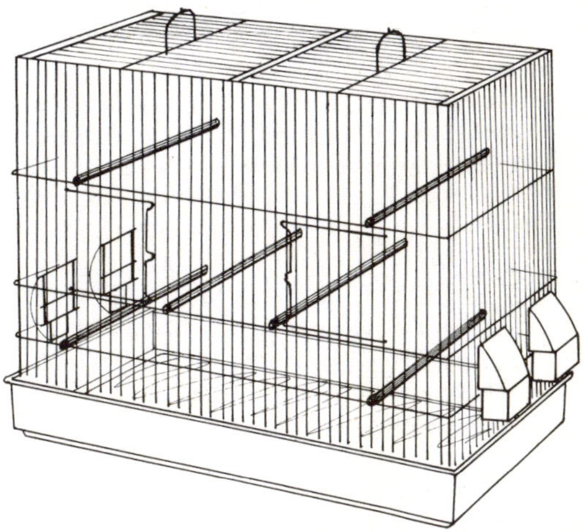

Käfige und Volieren

die einen Gitterabstand von 15 oder 18 mm haben. Da könnte ein Zebrafink schon seinen Kopf durchstecken und sich – wenn er Pech hat – strangulieren. Am besten sehen Sie die Vögel, wenn die Gitterstäbe dunkelbraun oder schwarz gesintert sind. Auch für die Vögel sind die dunklen Stäbe angenehmer als die verchromten oder vermessingten, die sie blenden.

Die Bodenwanne des Käfigs muß wenigstens 10 cm hoch sein, damit nicht zu viele Spelzen und Federchen aus dem Käfig fliegen. Sie sollte eine gutschließende Schublade haben, damit nicht bei jedem Sandwechsel die ganze Bodenwanne abgenommen werden muß. Ein Käfig wie eben beschrieben hat rundherum und oben Drahtgitter. Das hat Vor- und Nachteile: Die Vögel bekommen viel Licht ab, im Sommer am offenen Fenster oder auf dem Balkon sogar direktes Sonnenlicht. Natürlich muß ein Teil des Käfigs abgedeckt sein, damit die Vögel in den Schatten ausweichen können. In einem Drahtkäfig kann es leicht Zugluft geben. Auch können Vögel darin scheu bleiben, weil sie sich von allen Seiten bedroht fühlen. Darum ist es wichtig, den Käfig in eine ruhige, aber helle Zimmerecke zu stellen.

Eine ideale Unterkunft für die Zebrafinken ist der Kistenkäfig. Er besteht aus einer Kiste, die nur nach einer Seite hin offen ist. Dort kommt das Vorsatzgitter oder Drahtgeflecht davor. Manchmal ist auch die Decke oder eine Seitenwand mit Gitter versehen. Kistenkäfige kann man in verschiedenen Größen im Zoofachhandel beziehen. Seit Jahrzehnten werden Kistenkäfige aus Holz (Firma Lobback, 3138 Dannenberg) oder aus Kunststoff (Firma Joko, 2830 Bassum) in hervorragender Qualität hergestellt. Wer etwas handwerkliches Geschick hat, kann sich einen Kistenkäfig selbst bauen. Ein ausgedienter Küchenschrank oder resopalbeschichtete Spanplatten sind schon fünf der sechs Käfigseiten. Die Vorderseite fertigen Sie aus dünnen Leisten und Drahtgeflecht oder kaufen Vorsatzgitter, die es in allen möglichen Größen gibt. Wenn Sie eine Schublade für den Boden wollen, müssen Sie im unteren Teil der Vorderseite eine Klappe einbauen. Ich habe einfach eine 6 cm hohe Leiste eingefügt, auf Schubladen verzichtet und streue den Sand auf Pappe, die ich für die Käfiggröße zugeschnitten habe. Dann wird der Käfigboden nicht dreckig; der alte Sand wird mit einem Staubsauger abgezogen, die Pappen von Zeit zu Zeit ausgewechselt.

In einem Kistenkäfig fühlen sich die Zebrafinken sehr sicher, weil sie in den hinteren Teil ausweichen können. Zugluft ist in einem Kistenkäfig so gut wie ausgeschlossen. Wichtig ist, daß jeder Kistenkäfig einen Mittelschieber hat und damit unterteilt werden kann. So bleiben den Vögeln viele Beunruhigungen erspart. Sie können in der einen Hälfte bleiben, während die andere gereinigt oder das Nest kontrolliert wird. Da-

Graue Zebrafinken-Männchen

Käfige und Volieren

für öffnen Sie die große Drahtgeflechttür oder nehmen das Vorsatzgitter ab. Uneingeschränkt und ohne Verrenkungen können Sie in der Käfighälfte hantieren.
Der Kistenkäfig hat nur den Nachteil, daß es in ihm dunkler ist. Aber da kann man Abhilfe schaffen: Mit einer Tageslicht-Leuchtstofflampe, etwa Osram Lumilux 11 (Tageslicht), die vorn unter der Decke angebracht wird, können Sie den Vögeln guten Sonnenlichtersatz bieten. Die Zebrafinken sehen bei dieser Beleuchtung viel farbenprächtiger aus und bekommen auch im Winter genügend Licht, wenn die Leuchtstofflampen – gesteuert über eine Schaltuhr – etwa 13 bis 14 Stunden lang eingeschaltet bleiben.

Die Zimmervoliere bietet viel Flugraum

In einer Zimmervoliere fühlen sich die Zebrafinken so richtig wohl. Dort können sie in einer kleinen Gruppe gepflegt werden, haben viel Flugraum und Ausweichmöglichkeiten. Da die Zebrafinken gesellig sind, werden sie oft dicht beieinander sitzen und viel gemeinsam unternehmen, beispielsweise das Futter aufnehmen und baden. Haben die Vögel die Bewegungsfreiheit, die ihnen eine Zimmervoliere bietet, dann zeigen sie viel mehr von ihrem natürlichen Verhalten als in einem Käfig.
Eine Zimmervoliere für Zebrafinken sollte mindestens 1 m lang, 1 m hoch und 0,5 m tief sein. Sie kann auf einem Tisch, Unterschrank oder einer Kommode untergebracht werden. Noch günstiger ist es, wenn die Voliere vom Fußboden bis zur Decke reicht und in der Länge die ganze Zimmerwand einnimmt. Dabei können Sie sich ganz nach dem vorhandenen Raum richten, denn auf Bestellung liefert Ihnen der Zoofachhändler maßgeschneiderte Volieren oder deren Bauteile.
Wer handwerklich geschickt ist, baut sich die Voliere selbst. Dafür sind vor allem Drahtgeflechte und Leisten erforderlich. Soll die Voliere nicht in einem Zimmerteil fest eingebaut werden, dann sind auch noch Spanplatten für den Boden und die Rückwand erforderlich (am besten resopalbeschichtet). Mit ein paar Handgriffen kann auch ein alter Küchen- oder Kleiderschrank zur Voliere umgebaut werden. Häufig brauchen Sie nur die Schranktüren gegen Gittertüren auszuwechseln.
Sehr empfehlenswert ist es, bei jeder Voliere einen Trennschieber vorzusehen. Dann können Sie einen Teil der Voliere reinigen, während sich die Vögel im anderen befinden. Es kommt dann nicht zu unruhigem Hin- und Hergeflatter. Vermeiden Sie solche Störungen,

Sind Zebrafinken nur in einem kleinen Käfig untergebracht, sollten sie die Gelegenheit haben, im Zimmer frei zu fliegen.

Bevor die Zebrafinken auf Nahrungssuche gehen, treffen sie sich auf ihrem Versammlungsbaum und fliegen dann gemeinsam los.

Käfige und Volieren

Durch einen Schieber unterteilbarer Zebrafinkenkäfig.

dann werden die Vögel viel zutraulicher. Auch wenn ein einzelner Vogel herausgefangen werden muß, sondern Sie ihn mit dem Trennschieber ab. Die anderen Vögel müssen dann nicht die Fangaufregung mitmachen. Sehen Sie bei jeder Zimmervoliere große Türen vor, damit Sie überall hinreichen können. Das wird vor allem beim Reinigen von Vorteil sein. Im unteren Teil sind Schieber oder Klappen aus Plexiglas nützlich. Die Vögel können gesehen werden, Futterspelzen, Nistmaterial und Federchen nicht hinausfallen. Bei kleineren Volieren können Schubladen vorgesehen werden. Sonst ist es günstiger, den alten Sand und Unrat aufzusaugen. Kräftige Eimerstaubsauger auf Rädern gibt es für diese Zwecke in jeder Größe.

Eine Gartenvoliere für Zebrafinken

In einer Gartenvoliere fühlen sich die Zebrafinken besonders wohl, denn sie sind wenig empfindlich gegenüber unterschiedlicher Witterung. Bekannte von mir hatten Zebrafinken frei fliegend im Garten. Sie fühlten sich sichtlich wohl, vermehrten sich und überstanden auch den Winter. Doch als der nächste Winter bis zu –20°C Frost brachte, haben die Zebrafinken diesen extremen Temperatursturz nicht überstanden. Das bedeutet, daß die Vögel zwar ganzjährig eine Gartenvoliere bewohnen können, die aber an ein Schutzhaus oder eine Innenvoliere angeschlossen sein sollte. Vor extremer Witterung wie Sturm, heftigen Regengüssen, Hagel und anhaltendem oder starkem Frost sollten die Zebrafinken Schutz finden. Denn sicher fühlen sie sich frostfrei und trocken untergebracht wohler. An Wärme können sie alles vertragen, was unser gemäßigtes Klima ihnen zu bieten vermag.
Empfehlenswert als Standort für die Gartenvoliere ist ein warmer Platz auf der Südseite des Hauses. Wird sie an der Nord- oder Westseite des Hauses angebaut, erfährt sie schon einen guten Schutz vor den schlimmsten Wetterunbilden. Wird das Dach aus Plexiglas-

scheiben gebaut, dann werden nicht nur Regen und Schnee von der Voliere abgehalten, sondern auch Katzen sowie Tag- und Nachtgreife. Sie könnten sonst die Zebrafinken sehr beunruhigen und eventuell auch verletzen.
Ideal ist es, wenn die Zebrafinken von der Gartenvoliere über ein Schlupfloch in ein Zimmer oder in einen Schuppen ausweichen können, wo sie ihre Innenvoliere haben. Sonst sollten Sie ihnen ein lichtdurchlässiges Schutzhaus bauen. Es braucht nicht groß zu sein, es muß nur die Vögel vor Frost schützen. Während der kalten Jahreszeit erhalten die Zebrafinken dort ihr Futter, aber auch das Trink- und Badewasser.
Wenn Sie vorhaben, eine Gartenvoliere zu bauen, sollten Sie sich eines der Bücher anschaffen, die ich zu diesem Thema im Literaturverzeichnis angeführt habe. Dort finden Sie wertvolle Ratschläge.

Das Zubehör

Als Sitzgelegenheiten dürfen Sie den Zebrafinken keine Plastik- oder Hartholzstangen zumuten. Sie müssen ihnen vielmehr öfter frische Zweige weicher Laubhölzer anbieten. Es eignen sich vor allem Zweige von Weiden, Pappeln, Ahorn, Eberesche, Holunder und von Obstbäumen. Sie dürfen auch etwas krumm und verzweigt sein. Um an den elastischen Weichholzzweigen einen Halt zu finden, müssen die Vögel mit ihren Füßen fest zugreifen; das fördert die Gesundheit der Füße. Werden die Zebrafinken in einem Gitterkäfig gepflegt, werden die Zweige wie die käuflichen Sitzstangen mit einer Einkerbung an den Gitterstäben befestigt. Bei Ki-

Selbstgebaute Gartenvoliere mit angegliedertem Schutzhaus.

Käfige und Volieren

stenkäfigen und Volieren ist das meist nicht möglich. Dafür gibt es dann Halterungshülsen aus Metall, in die die verschieden dicken Zweige gesteckt werden. Eine seitlich angebrachte Feststellschraube verhindert das Herausfallen der Zweige.
Die Futternäpfe sollten aus Glas oder Porzellan sein, damit sie von den Vögeln nicht umgeworfen werden können.
Sie gibt es in verschiedenen Größen; für wenige Vögel wählt man runde von 5 cm Durchmesser, sonst ovale mit 10 cm Länge. Größere Näpfe sind für die kleinen Zebrafinken nicht zu empfehlen, da sie sich sonst ins Futter setzen und es beschmutzen.
Sie können natürlich auch Futterautomaten in Form von Plastikröhren mit einem kleinen Napf am Fuß verwenden. Diese Futterautomaten werden außen am Käfig angebracht, der Fuß wird durch das Gitter gesteckt. Das erleichtert Ihnen die Versorgung der Vögel, zudem können sie das Futter nicht beschmutzen. Auch das Trinkwasser sollten Sie in einem Automaten reichen. Es bleibt dann sauber, während es in einem Napf sehr schnell verunreinigt wird.
Automaten für Futter und Wasser gibt es auch mit je einem halben Liter Fassungsvermögen. Sie sind sehr praktisch, wenn Sie eine größere Zebrafinkengesellschaft in einer Voliere pflegen. Das Futter kann dann sogar nach Hirsesorten getrennt in verschiedenen Automaten gereicht werden. Dann sehen Sie auf einen Blick, welche Futtersorten die Vögel zur Zeit bevorzugen; zudem muß weniger häufig nachgefüllt werden.
Für Käfige und Kleinvolieren reichen die kleinen Badehäuschen, die der Zoofachhandel anbietet, völlig aus. Ist die Vogelgesellschaft größer, so daß sich alle auf einmal vor dem Badehäuschen drängeln, könnte ein größeres angebracht sein, wie es sie für Nymphensittiche und Papageien zu kaufen gibt. Da in einer Gartenvoliere das Spritzen beim Baden nichts schaden kann, reicht hier eine große flache Schale aus.
Es gibt sie aus Steingut als Tränke und Bad für die wildlebenden Vögel zu kaufen. Der Boden dieser Badeschalen ist

Ein Futterautomat erleichtert die Versorgung der Vögel, zudem können sie das Futter nicht beschmutzen.

rauh, was den Vögeln bessere Standfestigkeit gibt.
Sonst sollte eine Schicht Kieselsteine hineingeschüttet werden. Dies ist auch nötig, wenn der Wasserstand in der Badeschale zu hoch sein sollte.
Klammern und Raufen für Obst, Grünfutter, Sepiaschalen und Nistmaterial bietet der Zoofachhandel an. Mit diesen Utensilien können Sie bei den Vögeln besser Ordnung halten mit dem Vorteil, daß kaum Futter verdirbt.
Kistenkäfige, Zimmervolieren und Schutzhäuser brauchen eine künstliche Beleuchtung. Vor allem im Winterhalbjahr wird das nötig sein, wenn der Tag auf 12 bis 14 Stunden für die Vögel verlängert werden muß. Doch auch im Sommer kann es in den Kistenkäfigen zu düster sein. Wenn vorn unter der Decke eine Leuchtstofflampe mit Tageslichtersatz (True-Lite oder Osram Lumilux Lichtfarbe 11) angebracht wird, erscheinen die Vögel für Sie in ihrer ganzen Farbenpracht. Die Vögel selbst fühlen sich auch wohler und sind gesünder, da sie durch den UV-Anteil im Tageslicht das Provitamin in Vitamin D umwandeln können.
Über eine Schaltuhr können Sie die Beleuchtungsdauer regeln. Sie brauchen nicht daran zu denken, das Licht ein- und auszuschalten. Die Vögel haben so ihren geregelten Tag, auch wenn Sie mal nicht zu Hause sind. Sehen Sie auch eine Nachtbeleuchtung vor, denn Zebrafinken können bei ungewohnten Geräuschen in der Nacht erschrecken und in der Voliere herumtoben.
Bei völliger Dunkelheit sind dann Verletzungen nicht auszuschließen. Wird aber ein ganz schwaches Licht (Glühbirne von 6–10 Watt) eingeschaltet, bleiben die Vögel ruhig und finden sich zurecht.

Trink- und Badegefäß aus Steingut.

Eingewöhnung und Pflege

Die ersten Tage zu Hause

Haben Sie Ihre ausgewählten Zebrafinken wohlbehalten nach Hause gebracht, dann sollten sie sogleich in den eingerichteten Käfig – er enthält Futter, Wasser, Sand und Badehäuschen – gesetzt werden. Die Vögel brauchen nun absolute Ruhe, um sich in der neuen Umgebung zurechtzufinden. Wenn Sie und Ihre Familie auch neugierig sind und alles, was die Tiere tun, gern sehen und sich daran erfreuen möchten, so sollten Sie sich während der ersten 5–10 Tage doch zurückhalten und die Vögel möglichst allein lassen. Gehen Sie nur einmal täglich an den Käfig, um frisches Futter und Wasser zu reichen. Dabei sollten Sie mit ruhiger, einschmeichelnder Stimme zu den Vögeln sprechen. Vermeiden Sie hastige Bewegungen, damit Ihre Pfleglinge nicht aufgeschreckt im Käfig herumflattern. Warten Sie so lange mit der Reinigung des Käfigs, bis die Vögel einen ruhigen und zutraulichen Eindruck auf Sie machen oder bis sie zum erstenmal im Zimmer frei fliegen dürfen. Zebrafinken sind zwar sehr neugierig, dennoch ist es möglich, daß sie anfangs die Futter- und Wassernäpfe in ihrem neuen Käfig nicht finden. Vor allem wenn die Näpfe anders geformt oder gefärbt sind als die vorher gewohnten. Unter Umständen entsteht dann die Situation, daß die Vögel bei vollem Napf hungern. Lassen Sie es erst gar nicht dazu kommen, sondern streuen Sie etwas Körnerfutter auf den Boden des Käfigs, möglichst in der Nähe der Näpfe. Zusätzlich sollten Sie einen Hirsekolben in die Reichweite der Vögel neben eine Sitzstange hängen. Der Hirsekolben wird meist sofort angenommen.

Freiflug im Zimmer

Sind die Zebrafinken nur in einem kleinen Käfig untergebracht, sollten sie die Gelegenheit haben, im Zimmer frei zu fliegen. Der Freiflug ist für die Vögel deshalb notwendig, weil er ihren Kreislauf und ihren Stoffwechsel anregt, sie bleiben dann gesund und munter. Für Sie wird das Herumsausen der Zebrafinken viel Freude bereiten.
Die Vögel dürfen allerdings erst dann aus dem Käfig entlassen werden, wenn sie sich eingewöhnt haben, das heißt ihren Käfig und die Umgebung genau kennen. Meist dauert das 3 bis 4 Wochen. Danach dürfen Sie damit rechnen, daß sich die Vögel außerhalb des Käfigs zurechtfinden und ihn auch wieder aufsuchen. Vorsorglich sollten Sie einen Zweig so durchs Käfiggitter stecken, daß er nach draußen ein Stück übersteht. Dies ist dann der Anflugplatz für die Vögel, wenn sie wieder in den Käfig zurückkehren wollen. Der Zweig sollte

also unmittelbar neben oder unter der Tür stecken.
Füttern Sie die Zebrafinken nur in ihrem Käfig, dann suchen sie ihn nach einiger Zeit wieder von selbst auf. Sollten sie in den ersten Tagen nicht zurückfinden oder -wollen, dann lassen Sie die Vögel ruhig dort im Zimmer übernachten, wo sie möchten. Am nächsten Morgen wird der Hunger sie schon dazu treiben, die Käfigtür zu finden und hineinzuschlüpfen. Sollte es wider Erwarten nicht klappen, dann stellen Sie den Vögeln Futter und Wasser neben die Eingangstür. Wenn Ihre Zebrafinken zu den wenigen gehören, die nicht zurück in den Käfig wollen, aber den Weg durchaus finden, dann sollten Sie sie erst am Spätnachmittag herauslassen, kein Futter außerhalb des Käfigs anbieten und eventuell die Eingangstür mit einem Bindfaden von weitem schließen. Manche Vögel huschen nämlich gern wieder heraus, sobald man sich ihrem Käfig nähert.
Vergewissern Sie sich, ob Fenster und Türen geschlossen sind, bevor Sie die Vögel frei fliegen lassen. Vor dem Freiflug sollten auch die Gardinen oder Stores zugezogen sein, denn sonst könnten die Zebrafinken gegen die Fensterscheibe – die sie ja nicht sehen – prallen, sich verletzen oder gar das Genick brechen. Stets sollte jemand im Raum sein, wenn

Vor dem Freiflug im Raum müssen giftige Zimmerpflanzen entfernt werden: **1** Dieffenbachie, **2** Oleander, **3** Weihnachtsstern, **4** Christusdorn, **5** Porzellanblume.

die Vögel freigelassen werden. Sie könnten mit den Krallen in den Gardinen, an Polstermöbeln, Zierkissen und sogar an manchen Teppichböden hängenbleiben und sich verletzen oder gar zu Tode zappeln. Es besteht auch die Möglichkeit, daß sie hinter einen Schrank geraten oder in eine Vase oder Lampenschale fallen. Denken Sie auch daran, giftige und unverträgliche Pflanzen aus dem Zimmer zu nehmen, bevor Sie den Zebrafinken den notwendigen Freiflug gewähren.

Tips zur täglichen Pflege

Wenn Sie Ihre Zebrafinken täglich zu einer bestimmten Zeit füttern, gewöhnen sich die Tiere schnell an den Rhythmus und erwarten den Pfleger. Die Vögel schrecken dann nicht auf, was bei unregelmäßigen Fütterungszeiten leicht vorkommt. Halten Sie einen Pflegerhythmus ein, dann werden die Zebrafinken viel zutraulicher. Bewegen Sie sich bei der Fütterung langsam und sachte, dann werden die Vögel ebenfalls ruhig bleiben. Leises, beschwichtigendes Sprechen oder Pfeifen gibt ihnen weitere Sicherheit.

Beobachten Sie die Vögel vor und nach der Fütterung eine kurze Zeit. Dann merken Sie am besten, ob alles in Ordnung ist oder ob einer der Pfleglinge sich nicht wohl fühlt. Natürlich werden Sie auch zu anderen Tageszeiten immer wieder die Vögel beobachten. Das ist auch richtig so, denn so werden Sie jede Unpäßlichkeit früh erkennen.

Nehmen Sie sich für die wöchentliche Reinigung von Käfig oder Voliere ebenfalls einen bestimmten Tag und immer die gleiche Uhrzeit vor. Auch das läßt die Vögel vertrauter bleiben. Für Sie selbst ist die Regelmäßigkeit von großem Vorteil. Dann wird nichts vergessen oder aufgeschoben. Die anfängliche Begeisterung wird auch manchmal abflauen. Dann ist es gut, wenn all die kleinen Arbeiten der Pflege Routine geworden sind. Ein fester Plan, in dem die Arbeiten notiert sind wie die Stunden bei den Schülern, wird Sie nichts vergessen lassen. Es gibt nämlich auch Arbeiten, die nur einmal monatlich anfallen, beispielsweise Zweige erneuern, Schlafnester entleeren und desinfizieren.

Richtig füttern

Der Zebrafink lebt genügsam

Als Bewohner karger Savannen und Halbwüsten ist der Zebrafink von Natur aus ein genügsamer Vogel. Er muß in seiner Heimat die meiste Zeit mit trockenen Grassamen auskommen, dazu findet er Wasser nur noch in einigen Tümpeln. Zur Regenzeit verwandelt sich das ausgedörrte Land für wenige Monate im Jahr in ein grünendes, blühendes und reifendes Paradies. Nun sind frischreife, nahrhafte Grassamen und Insekten in Hülle und Fülle vorhanden. Diese Zeit nützen die Zebrafinken, um zu brüten und Junge aufzuziehen. Je nach Länge der Regenzeit ziehen sie in schneller Folge zwei bis drei Bruten groß. Setzt die Trockenperiode wieder ein, in der eine Wasserstelle nach der anderen austrocknet, dann beginnt erneut der Überlebenskampf mit tagelangem Dursten und mühsamem Auflesen verdorrter Graskörner vom glühendheißen Boden. Unter diesen unwirtlichen Bedingungen sterben viele Zebrafinken, vor allem Jungvögel, die noch nicht selbständig oder mitten in der Mauser sind. Indessen leben viele Zebrafinken unter besseren Bedingungen: Als Kulturfolger eroberten sie nicht nur Städte und Ortschaften, sondern auch Farmen und Ansiedlungen im „Busch". Dort finden sie das ganze Jahr über genügend Wasser und Nahrung. Unter solch günstigen Lebensbedingungen bleiben die Zebrafinken ortstreu.

Verglichen mit dem wechselhaften Nahrungsangebot in der Natur leben die Zebrafinken in Ihrer Obhut geradezu „fürstlich", selbst wenn Sie den Vögeln nur Körnerfutter und stets frisches Wasser anbieten. Abgesehen davon möchten Sie sicher Ihre Pfleglinge unter optimalen Lebensbedingungen halten. Dies ist leicht zu erreichen, wenn Sie sich nach dem ausgewogenen Futterplan richten, den ich in den nächsten Kapiteln ausführlich erläutere.

Das Körnerfutter

In der Natur ernähren sich die Zebrafinken vornehmlich von Grassamen. Als Ersatz bieten wir ihnen ein ausgewogenes Prachtfinken-Mischfutter an. Es besteht aus verschiedenen Hirsesorten und auch Glanz (auch bekannt unter dem Namen Spitzsaat oder Kanariensaat). Hirse und Glanz sind mehlhaltige, also kohlenhydratreiche Samenkörner. Sie machen 90–95% des Körnerfutters aus. Die Zebrafinken nehmen nur wenige ölhaltige Samen zu sich. Dem wird in den käuflichen Exotenfutter-Mischungen meistens Rechnung getragen, indem vor allem etwas Negersaat daruntergemischt wird. Das sind die wenigen schwarzen, länglichen Samenkörner.

Ernährung

Pflegen Sie nur ein Zebrafinken-Pärchen, empfehle ich Ihnen das abgepackte Exoten-Mischfutter. Dieses Standardfutter besteht aus verschiedenen guten Samen, die bestens gereinigt und stets frisch vom Hersteller geliefert werden. Allerdings könnte es beim Händler längere Zeit im Regal gestanden haben; achten Sie deshalb auf das Abpack- bzw. Verfalldatum.
Pflegen Sie dagegen mehrere Zebrafinken, dann empfehle ich Ihnen, die in Frage kommenden Sämereien einzeln abgepackt zu kaufen und sie den Vögeln separat in verschiedenen Näpfen anzubieten. Bei dieser Methode sehen Sie sofort, ob sich der Geschmack der Vögel geändert hat und welche Samen sie zur Zeit bevorzugen. Sie können dann auch eine Mischung ganz nach dem Geschmack Ihrer Vögel zusammenstellen. Die nachstehend aufgeführten Sämereien sind bei den Zebrafinken besonders beliebt:
Senegalhirse: Sie ist kleinkörnig, gelb und von runder bis länglicher Form.
Mohairhirse: Man kann sie von der Senegalhirse kaum unterscheiden. Meist ist sie noch kleinkörniger, etwas rauhschaliger und meistens heller.
Mannahirse: Sie ist ebenfalls eine kleinkörnige Sorte von hellroter bis oranger Farbe und ovaler Form. Diese kleinkörnigen Hirsesorten sind ein hervorragendes Futter für die kleinen, dünnschnäbligen Prachtfinken. Aber auch die Zebra- und andere Prachtfinken mögen diese kleinkörnigen Hirsesorten. Allerdings lassen sich die kleinen Körner etwas mühsamer enthülsen, deshalb werden oft größerkörnige Sorten vorgezogen. Dennoch sollten die kleinkörnigen Hirsesorten im Angebot nicht fehlen und für den Zebrafinken etwa 30% einer Futtermischung ausmachen. Größerkörnig sind folgende Sorten:
La-Plata-Hirse besteht aus mittelgroßen ovalen Körnern von gelber bis gelboranger Farbe. Sie ist nicht besonders weichschalig und wird deshalb nicht so gern von den Vögeln angenommen. Als preiswerte Hirse ist sie aber zu einem hohen Prozentsatz in den Mischungen enthalten.
Silberhirse: Sie ist hellgelb, fast weiß und glänzend. Da sie sehr weichschalig ist, wird sie von den dickschnäbligen Prachtfinken einschließlich den Zebrafinken allen anderen Sorten vorgezogen.
Bluthirse: Sie ist fast genauso groß und von roter Farbe. Da sie eine harte Schale hat, wird sie von den Vögeln häufig verschmäht. Bluthirse darf in einem Prachtfinken-Mischfutter durchaus fehlen, sie wird aber ihrer Farbe wegen in kleiner Menge beigemischt.
Japanhirse: Sie ist von gelblich-grauer Farbe, rauhschalig und eckig. Trotz des nicht sehr ansprechenden Aussehens wird diese Hirse sehr gern gefressen.
Die großkörnigen Hirsesorten sollten für den Zebrafinken 50 bis 65% der Futtermischung ausmachen. Wenn die Vögel nicht brüten und Junge großziehen, dürfen es 65% sein, zur Brutzeit etwa 50%.
Glanz: Die Futtermischung zur Brutzeit

Ernährung

sollte 5 bis 20% Glanz enthalten. Da er sehr gehaltvoll ist (Proteine, Vitamin E), eignet er sich besonders zur Aufzucht der Jungvögel. Außerhalb der Brutzeit bietet man Glanz nur sparsam an, denn er regt die Vögel nur unnötig zum Brüten an. Wie der Name schon sagt, besteht Glanz aus glänzenden Körnern, die oval und auf beiden Seiten spitz zulaufend (daher der Name Spitzsaat), von gelber Farbe und meistens ziemlich großkörnig sind.
Eine ausgewogene Futtermischung für Zebrafinken besteht aus folgenden Sämereien:

Zuchtmischung:
20% Glanz
20% La-Plata-Hirse
15% Silberhirse
15% Japanhirse
15% Senegalhirse
10% Mannahirse
3% Mohairhirse
2% Negersaat

Normalmischung:
5% Glanz
25% La-Plata-Hirse
15% Silberhirse
20% Japanhirse
20% Senegalhirse
10% Mannahirse
3% Mohairhirse
2% Negersaat

Kolbenhirse ist bei den Zebrafinken ebenfalls sehr beliebt. Bei ihr handelt es sich um Senegalhirse oder ähnliche Sorten. Die Kolbenhirse wird nicht gedroschen, die Körner befinden sich demnach noch in den Fruchtständen.
Die Sämereien aus den Kolben schmekken den Vögeln offensichtlich besser als die gedroschenen, zudem sind sie gehaltvoller. Die Kolbenhirse wird von den Zebrafinken auch deshalb bevorzugt, weil sie, um an die Sämereien zu gelangen, auf den Fruchtständen herumklettern oder -hangeln müssen. Diese natür-

Zebrafinken bevorzugen Sämereien, die sie aus den Fruchtständen herauspicken müssen.

Ernährung

liche Nahrungssuche macht den Vögeln offensichtlich Spaß.
Achten Sie bei der Kolbenhirse auf erstklassige Qualität, denn mangelhaft getrocknete Fruchtstände verschimmeln häufig an der Stengelbasis. Die besonders hell und glänzend aussehende Kolbenhirse ist meist geschwefelt, eine Maßnahme gegen Schimmelbildung. Geschwefelte Kolbenhirse könnte aber den Vögeln schaden.
Als Zukost – in geringer Menge – können Sie Ihren Zebrafinken auch Wildkrautsämereien anbieten. Sie werden in einer Mischung für einheimische Finkenvögel im Zoofachhandel angeboten, sie enthält vornehmlich die Samen von Beifuß, Brennessel, Gänsefuß, Hirtentäschel, Disteln, Kreuzkraut, Löwenzahn, Melde, Salat, Sauerampfer, Wegerich und manch andere »Unkräuter«. Diese Sämereien sind – sparsam verfüttert – eine willkommene Abwechslung des Speiseplans.

Das Keimfutter

In ihrer Heimat beginnen die Zebrafinken zu brüten, wenn die Regenzeit eingesetzt hat und es frischreife Grassamen im Überfluß gibt. Diese Sämereien sind besonders vitaminreich und bekömmlich. Diese »natürliche« Nahrung können wir den Zebrafinken bei uns nur im Frühsommer anbieten, wenn wir ihnen täglich frisch gereifte Samenstände unserer Gräser reichen. In allen anderen Jahreszeiten sind wir auf Ersatz angewiesen, dabei hat sich Keimfutter sehr gut bewährt. Nun, was ist Keimfutter, und wie wird es zubereitet?
Durch den Keimungsprozeß werden die Samen aufgeschlossen; das bedeutet, sie werden leichter verdaubar und gehaltvoller an Vitaminen und Enzymen. Sie werden auch weicher, und die Spelzen lassen sich leichter entfernen. Das kommt vor allem den Jungvögeln zugute, die das Enthülsen der Samen erst lernen müssen.
Zum Keimen verwenden Sie am besten das Körnerfutter, das ich im vorigen Kapitel als Zuchtmischung vorgeschlagen habe. Die Körner müssen ihre Keimfähigkeit besitzen und dürfen nicht vorbehandelt oder mit Zusätzen versehen sein. Darum eignen sich die Samen des abgepackten Markenfutters meistens nicht zum Keimen.
Nun zu einer bewährten Methode, wie man Keimfutter zubereitet: Geben Sie in ein Plastiksieb die Menge Körnerfutter, die als tägliche Ration für Ihre Vögel gebraucht wird. Berücksichtigen Sie dabei, daß nicht nur gekeimte Samen gereicht werden dürfen, sie sollten höchstens 50% des Körnerfutters ausmachen. Das trockene Körnerfutter im Sieb wird in eine Schüssel gehängt und so viel Wasser zugegeben, bis alle Samen schwimmen. Nach zwölf Stunden wird das Keimfutter unter kräftigem kaltem Wasserstrahl gründlich durchgespült, danach wieder in die mit Frischwasser gefüllte Schüssel gehängt. Nach weiteren zwölf Stunden wird wieder durchgespült, und die Samenkörner werden

durch Abschlagen vom überschüssigen Wasser befreit. Nun stellt man das Sieb mit dem Futter auf ein mehrfach gefaltetes Frotteetuch, das noch überschüssiges Wasser absaugt. So sind die Samen zwar noch feucht, aber nicht mehr tropfnaß. Jetzt wird das Sieb mit den Körnern für 24 Stunden so aufgehängt, daß überall Luft heran kann. Ich hänge das Sieb zum Beispiel in einen Durchschlag. Die Körner haben so viel Flüssigkeit aufgesogen, daß die Keime weiterwachsen, auch wenn die Samen äußerlich abtrocknen. Nach etwa 48 Stunden brechen die Keimspitzen durch. Sind sie 1 bis 2 mm lang und noch weiß, ist das Keimfutter am wertvollsten und sollte sofort verfüttert werden. Die Samen sind nun fast ganz trocken und sollten auch nicht mehr durchgespült werden.
Reichen Sie das Keimfutter auf ganz flachen Schalen (Blumentopfuntersetzer oder Einmachglasdeckel), damit es nicht säuert, was bei höheren Näpfen ohne ausreichende Luftzufuhr leicht vorkommt. Bei dieser Methode der Keimfutterzubereitung tritt kein Säuern und Schimmeln auf, es sei denn, Sie haben das Durchspülen vergessen oder Sieb und Schale wurden nicht saubergehalten. Ich empfehle deshalb, nicht nur zwei oder drei Siebe für die ständige Keimfutterherstellung bereitzuhalten, sondern ein paar mehr, die nach gründlicher Reinigung mit heißem Wasser gut austrocknen können.
Wenn Sie die empfohlene Gebrauchsanleitung beachten, erzielen Sie stets ein einwandfreies Keimfutter.

Grünfutter, Obst und Gemüse

Reichen Sie den Zebrafinken frische, vitaminreiche Grünkost, dann stürzen sie sich mit Heißhunger darauf; das übliche Körnerfutter bleibt dann fast unbeachtet. Verschiedene heimische Obst- und Gemüsesorten werden ebenfalls von den Zebrafinken gerne verzehrt, allerdings müssen sie so nach und nach an diese Fremdkost gewöhnt werden.
Wer einen Garten besitzt, kann die Vögel fast das ganze Jahr über problemlos mit Grünfutter versorgen. Besonders beliebt sind Feld-, Kopf- und Endiviensalat, aber auch Spinat, Petersilie und Kresse. Das Gemüse darf natürlich nicht mit Pflanzenschutzmitteln gespritzt werden, denn selbst geringfügige Rückstände vertragen die Zebrafinken nicht.
Einige Wildkräuter stellen sich im Garten von selbst ein, vor allem Vogelmiere, Löwenzahn und Hirtentäschel. Diese Wildkräuter, die so ganz nebenbei anfallen, werden von den Zebrafinken begeistert verzehrt.
Besitzen Sie keinen Garten, dann sind Sie überwiegend auf die Kräuter angewiesen, die Sie in der Natur finden. Neben den schon genannten Wildpflanzen fressen die Zebrafinken auch Sauerampfer, Spitzwegerich, Vogelknöterich und Gänsedistel. Diese Pflanzen finden Sie an Weg-, Feld- und Waldrändern, auf Ödland und auf Baugrundstücken. Da die Landwirte Pflanzenschutz- und Düngemittel verwenden, müssen Sie sehr genau darauf achten, wo Sie das Grün-

1
2
3
4
5
6
7
8

futter für Ihre Vögel sammeln. Vor der Verfütterung werden die gesammelten Kräuter gründlich gewässert und gewaschen.
Haben Sie als Großstädter keine Möglichkeit, Grünfutter aus dem Garten oder in Wald, Feld und Flur zu sammeln, dann kaufen Sie Obst und Gemüse beim Händler. Es bieten sich Endivien- und Feldsalat an, die nicht so sehr gespritzt werden wie beispielsweise Kopfsalat. Dennoch waschen Sie das gekaufte Grünfutter immer sorgfältig ab.
Zum vitaminreichen Futter zählen auch Äpfel, Birnen, Bananen, Weintrauben, Melonen, Kiwis und Salatgurken. Die Früchte werden vor dem Verfüttern geschält und in kleine Stückchen oder Scheiben geschnitten, gewaschene Weintrauben halbiert. Möhren sind ebenfalls ein schmackhaftes und vitaminreiches Gemüse. Gerieben und mit Zwiebackmehl flockig verrührt, wird diese Nahrung gern von den Zebrafinken verzehrt.

Seite 32:
Wildkräuter, die sich im Garten von selbst einstellen, sind eine willkommene Zukost für Zebrafinken: **1** Vogelknöterich, **2** Gemeine Gänsedistel, **3** Vogelmiere, **4** Sauerampfer, **5** Gemeines Kreuzkraut, **6** Spitzwegerich, **7** Hirtentäschelkraut, **8** Löwenzahn.

Häufige Giftpflanzen, die im Garten angebaut werden, die man nicht verfüttern darf: **1** Waldrebe, **2** Goldregen, **3** Eibe, **4** Pfaffenhütchen (Früchte), **5** Jelängerjelieber, **6** Seidelbast (blühend und fruchtend)

Ernährung

Ab Juni bis in den Herbst hinein finden wir überall frischreife Samen verschiedener Gräser. Sie werden am besten mit Halm als Sträußchen den Vögeln gereicht. Aus den Fruchtständen klauben die Zebrafinken die Samen mit ähnlicher Begeisterung heraus wie aus der Kolbenhirse. Reife Fruchtstände von den genannten Wildkräutern können Sie ebenfalls in die Voliere hängen. Ihre Samen werden von den Zebrafinken angenommen, wenn auch mit unterschiedlicher Begeisterung.
Sie sehen, es läßt sich stets etwas an Grünfutter, Obst und Gemüse für die Vögel finden. Bei dieser abwechslungsreichen Kost bleiben Ihre Zebrafinken vital und gesund.

Aufzuchtfutter

Außerhalb der Brutzeit kommen Zebrafinken meistens mit Körner-und Grünfutter aus. Ziehen sie jedoch Junge auf, sollte man den Eltern als Zukost Insekten oder deren Larven anbieten; die Jungvögel wachsen nämlich gesünder und kräftiger heran, wenn sie zusätzlich mit tierischem Eiweiß versorgt werden. Die Empfehlung für diese Zukost beruht auf Beobachtungen: In ihrer Heimat machen die Zebrafinken-Eltern zur Brutzeit Jagd auf Insekten – vornehmlich erbeuten sie Termiten im Flug –, um damit ihre Jungen zu füttern. Futtertiere wie Mehlwürmer, Getreideschimmelkäfer-Larven, Ameisenpuppen, Pinkys (Maden der Goldfliege) oder ein zubereitetes Aufzuchtfutter bietet der Zoofachhandel das ganze Jahr über an.
Pflegen Sie noch andere Prachtfinken, die Lebendfutter unbedingt benötigen, sind Sie entweder Stammkunde bei Ihrem Zoofachhändler, oder Sie legen sich eine eigene Futtertierzucht an. Halten Sie dagegen nur Zebrafinken, dann genügt zur Brutzeit auch ein käufliches Aufzucht- oder Weichfutter. Der Zoofachhandel bietet verschiedene Sorten an. Das sogenannte Aufzuchtfutter be-

Seite 35:
Maskenamadinen und Zebrafinken können in einer Voliere zusammen gepflegt werden.

Seite 36:
Oben links: Pinguin-Zebrafink
Oben rechts: Marmosett-Zebrafink (Pärchen)
Mitte links: Hellrücken-Zebrafink (Männchen)
Mitte rechts: Cremefarbene Zebrafinken-Männchen
Unten links: Silberfarbener Zebrafink
Unten rechts: Schecken-Zebrafink (Weibchen)

Seite 37:
Oben links: Zimtfarbener Schecke (Männchen)
Oben rechts: Hauben-Zebrafink
Mitte links: Schwarzbrust-Zebrafink (Männchen)
Mitte rechts: Zimtfarbener Zebrafink (Männchen)
Unten links: Grauer Schwarzbrust-Zebrafink
Unten rechts: Hellrücken-Zebrafink (Pärchen)

steht aus Keks oder Biskuit, in dem mehr oder weniger Ei enthalten ist, zudem aus Weizenkeimflocken, Fleischmehl, Mineralstoffen und Vitaminen. Als Eifutter gelten solche Sorten, die überwiegend aus Eibiskuit bestehen. Die flockigen Weichfutter-Mischungen, aufbereitet mit Honig oder Fett, enthalten verschiedene kleine Insekten. Zu trockenes Aufzuchtfutter kann den Vögeln mit geriebener Möhre, die daruntergemischt wird, schmackhafter gemacht werden.

Sie selbst können ein sehr gutes Aufzuchtfutter nach Bedarf immer frisch zubereiten. Dafür benötigen Sie ein hartgekochtes Ei oder (noch besser) nur Eigelb. Es wird zerdrückt und mit Zwiebackmehl, Babynährmittel, wenigen Hefeflocken, Weizenkeimflocken und etwas Traubenzucker gemischt.

Wenn diese Mischung weder zu trocken noch zu klebrig feucht ist, wird sie von den Zebrafinken am liebsten verzehrt. Die flockige Konsistenz erreichen Sie mit Ei oder mit geriebener Möhre.

Mineralstoffe und Vitamine

Damit Ihre Zebrafinken gesund und munter bleiben, auch jede Mauser gut überstehen, sollten sie das ganze Jahr über ausreichend mit Mineralstoffen versorgt werden. Diese sind in Form von kleinen Steinchen, Muschel- und Holzkohlestückchen als Vogelgrit im Zoofachhandel erhältlich, ebenso Kalksteine, Sepiaschalen und pulverförmige Kalkpräparate wie beispielsweise Vitakalk. Ein weiteres gutes Präparat, das den Mineralstoff-Haushalt der Vögel deckt und auch gegen Darmkrankheiten wirkt, ist Heilerde, die es in Reformhäusern gibt. Gern knabbern Zebrafinken an einem Taubenstein – auch als Taubenkuchen bekannt –, der aus mineralstoffhaltigem Löß besteht, also ähnlich zusammengesetzt ist wie Heilerde. Ihren Zebrafinken können Sie auch zusätzlich zerkleinerte Schalen gekochter Hühnereier reichen, die besonders gern verzehrt werden.

Mineralstoffe und Spurenelemente sind im richtigen Verhältnis in den meisten genannten Präparaten enthalten. Zu den lebensnotwendigen Mineralstoffen gehören Calcium und Phosphor, ferner Kalium, Natrium, Magnesium und Eisen. Mineralstoffe und Spurenelemente in ausreichender Menge sind deshalb so wichtig, weil sie größtenteils den Stoffwechsel der Vögel regulieren. Ihnen nur zur Mauserzeit einen Kalkstein oder Mauserhilfe zu geben, reicht auf keinen Fall aus, denn die Vögel müssen einen genügend großen Vorrat an Mineralstoffen in den Knochen speichern, um das gesamte Gefieder während der Mauser vollständig erneuern zu können. Die Körperzellen werden mit Hilfe von Mineralstoffen ernährt und entschlackt. Die

Oben links: Junge Zebrafinken im Nest (14 Tage alt)
Oben rechts: Junger Zebrafink (18 Tage alt)
Unten: Zebrafinken-Paar mit Jungen

Knochen der Vögel bestehen zu mehr als einem Drittel aus Calcium und zu etwa 17% aus Phosphor. Bietet man diese beiden Mineralstoffe nicht regelmäßig im Verhältnis 2:1 an, könnte es entweder zu Knochenweiche (Rachitis) oder spröden Knochen führen, außerdem legen dann die Weibchen oft brüchige oder schalenlose Eier. Besonders Jungvögel müssen ausreichend mit Mineralstoffen versorgt werden, damit sie gesund und kräftig heranwachsen.
Die kleinen Steinchen des Vogelgrits wirken im Magen der Zebrafinken als Mahlsteine: Sie zerkleinern die Körner und schließen damit die essentiellen Nahrungsbestandteile auf, so daß sie von den Vögeln verdaut werden können.
Zebrafinken sind genügsam und gute Futterverwerter, deshalb ist es im allgemeinen nicht notwendig, der Nahrung Vitaminpräparate zuzusetzen. Werden die Vögel abwechslungsreich mit Grünkost, Obst und Keimfutter ernährt, dekken sie damit ihren Vitaminbedarf auf natürliche Weise. Dennoch gibt es Ausnahmesituationen: Während der Aufzucht der Jungen, der Mauser oder im Krankheitsfall sollte man dem Futter ein Vitaminpräparat zusetzen. In Pulverform wird es einfach über das Körner- oder Weichfutter gestreut. Vitaminpräparate gibt es auch als Emulsion oder in flüssiger Form, diese werden vornehmlich über das Trinkwasser verabreicht. Allerdings verflüchtigen sich die Wirkstoffe im Wasser schnell oder oxidieren und werden unwirksam. Auch kann das Trinkwasser verderben, wird das Vitaminpräparat ständig darin angeboten. Es ist darum ratsam, den durstigen Vögeln morgens nur kurz Wasser mit Vitaminen anzubieten und ihnen dieses nach etwa einer Stunde gegen Frischwasser auszutauschen.
Vitamine sollten Sie äußerst sparsam verabreichen, denn sie schaden bei Überdosierung mehr als sie nützen. Vor allem die fettlöslichen Vitamine, das sind die Vitamine A, D und E, schädigen die Organe, oder sie führen zu Vergiftungen, wenn sie in zu großer Menge aufgenommen werden.
Das gilt vor allem für die Vitamine A und D, während Überdosierungen von Vitamin E sich weniger nachteilig auswirken. Die wasserlöslichen Vitamine des B-Komplexes und Vitamin C werden bei Überdosierung ausgeschieden und schädigen daher die Vögel nicht. Bei allen Vitaminen ist es jedoch besser, man reicht sie sparsamer als zu reichlich. Berücksichtigen Sie auch, daß sich die Dosierungsangaben auf dem Beipack für Kleinvögel immer auf Wellensittiche oder Kanarien beziehen – Zebrafinken wiegen aber nur die Hälfte.

Trink- und Badewasser

Da unser Leitungs- und Brunnenwasser heute allerlei Schadstoffe enthält, möchte ich auf dieses Problem näher eingehen. Wie andere Vögel auch reagieren Zebrafinken recht empfindlich auf Schadstoffe im Trinkwasser. Daß sie

sich bei Wasser mit Chlor, anderen Chemikalien und Schwermetallen langsam, aber sicher vergiften und bald weniger lebhaft oder krank sind, leuchtet ein, wird aber kaum von uns berücksichtigt. Geben Sie Ihren Zebrafinken also zumindest abgestandenes oder abgekochtes Wasser. Ist das Leitungswasser in Ihrer Gegend besonders schlecht, dann sollten Sie es filtern. Dadurch sieben Sie Chlor, Nitrat, Nitrit, Phosphate, Blei, Cadmium, Chlorkohlenwasserstoffe, Insektizide, Colibakterien und andere Erreger weitgehend aus dem Wasser. Ist Ihnen das Filtern zu mühsam, dann gibt es die Möglichkeit, den Vögeln kohlensäurefreies Mineralwasser anzubieten. Es sollte auch natrium(salz)arm sein. Mit dem Mineralwasser führen Sie den Vögeln gleichzeitig Mineralstoffe und Spurenelemente zu.

Zebrafinken baden gern, wenn sie die Möglichkeit dazu haben. Darum sollte ihnen täglich frisches Wasser in einem Badehäuschen angeboten werden. Da die Vögel gerne vom Badewasser trinken, sollten Sie es nicht direkt aus der Leitung entnehmen, sondern abgestandenes, abgekochtes oder gefiltertes Wasser verwenden.

Gesundheitsvorsorge

Vorbeugen ist besser als heilen

Oft werden Zebrafinken in viel zu kleinen Käfigen gehalten. Sie bekommen auch keinen Freiflug im Zimmer, und als Nahrung muß ihnen alleine trockenes Körnerfutter genügen. Dennoch bleiben die Zebrafinken in den meisten Fällen viele Jahre lang gesund. Das ist dann aber nicht auf gute Pflege zurückzuführen, sondern auf die Robustheit dieser Steppenvögel, die in ihrer Heimat Dürre und Futterknappheit, Hitze und Durst, aber auch Kälte und Regengüsse überstehen müssen. Dennoch können die von Natur aus zähen Zebrafinken, wenn sie jahrelang nachlässig gepflegt werden, Mangelerscheinungen zeigen und zu Krankheiten neigen. Die ersten Alarmzeichen dafür sind, daß die Vögel träge oder fettleibig werden, ein stumpfes Gefieder oder kahle Stellen zeigen und Mauserschwierigkeiten bekommen.

An trägen und kranken Zebrafinken werden Sie nicht viel Freude haben, deshalb sollten Sie von Anfang an mit der sachgerechten Pflege beginnen. Lesen Sie dazu im vorliegenden Buch immer

wieder einmal die Kapitel über Ernährung, Haltung und Unterbringung. Sie werden dann Fehler vermeiden und stolz auf Ihre fidelen Zebrafinken sein.
Zebrafinken sollten niemals in der Küche untergebracht werden. Wegen der dort ständig wechselnden Temperatur und Luftfeuchtigkeit erkälten sich die Vögel leicht. Sie bekommen dann Schwierigkeiten mit der Mauser, die sich durch ständigen Federausfall und kahle Stellen anzeigen.
Zebrafinken sollten nur in Räumen untergebracht werden, in denen nicht geraucht wird, denn stetiger Tabaksqualm macht sie krank und behindert sie bei der Mauser.
Stellen Sie den Käfig nicht zu nahe an den Fernseher. Er erzeugt Geräusche im Ultraschallbereich, die den Vögeln unangenehm sind, denn ihr feines Gehör ist in der Lage, diese hohen Töne wahrzunehmen. Ein Abstand des Käfigs vom Fernseher von 3 m mindert die Geräusche schon ausreichend.
Befolgen Sie meine Ratschläge, dann ist die Wahrscheinlichkeit groß, daß Ihre Vögel 8 bis 10 oder gar 12 Jahre alt werden. Freilich hat es noch ältere Zebrafinken gegeben, doch das sind die seltenen Ausnahmen.

Die Mauser ist keine Krankheit

Wie fast alle Vögel mausern sich die Zebrafinken einmal im Jahr. In der Mauser wechseln sie ihr gesamtes Gefieder. Die alten Federn sind trotz ihrer Stabilität abgenutzt, vereinzelte auch abgebrochen. Innerhalb von 6 bis 8 Wochen legen die Vögel ein neues Gefieder an. Dafür verbrauchen sie viel Energie, das heißt, ihr Stoffwechsel ist sehr intensiv. Die Mauser läuft meist reibungslos ab, wenn Sie den Vögeln in dieser Zeit vitaminreiche Kost und vor allem viele Mineralstoffe anbieten. Im Kapitel über Ernährung habe ich bereits erwähnt, daß die Zebrafinken das ganze Jahr über ausreichend mit Mineralstoffen versorgt werden sollen, denn die Vögel speichern sie in den Knochen als Reserve für die Mauser.
Pflegen Sie Ihre Zebrafinken in einer größeren Voliere oder gewähren ihnen häufige Freiflüge im Zimmer, begünstigt das den schnellen und reibungslosen Ablauf der Mauser. Der Stoffwechsel wird durch viel Bewegung angeregt. Dennoch stellen Sie fest, daß sich die Vögel während der Mauser ruhiger verhalten, längere Zeit still herumsitzen und die Männchen den Gesang einstellen. Eierstöcke und Hoden schrumpfen in dieser Zeit, die Vögel sind dann nicht fruchtbar. Ihre ganze Energie setzen sie für die Mauser ein. Um so besser ist es, wenn sie weite Wege vom bevorzugten Sitzplatz zum Futter, Trinkwasser und Bad haben. Zu ihrem eigenen Wohl sind sie dann zu diesen Bewegungen gezwungen.
Wenn Sie die Möglichkeit haben, schikken Sie Ihre Zebrafinken während der Mauser in die »Sommerfrische«, denn frische Luft und direkte Sonnenbestrah-

lung beschleunigen den Ablauf der Mauser und kräftigen das Gefieder.
Ist es Ihnen nicht möglich, den Zebrafinken den Aufenthalt in einer Freivoliere zu gewähren, dann sollten Sie sie täglich eine halbe Stunde mit einer Ultra-Vitalux-Sonnenlampe bestrahlen oder ersatzweise eine Beleuchtung, die dem Tageslicht nahekommt, im Käfig oder in der Voliere installieren. Im Abschnitt »Das Zubehör« habe ich einige Marken solcher Leuchtstofflampen genannt, die für die Vögel wohltuend sind.

Einen kranken Zebrafinken erkennt man am aufgeplusterten Gefieder und an den zugekniffenen Augen.

Erste Anzeichen von Erkrankungen erkennen

Fühlt sich einer Ihrer Zebrafinken nicht wohl, so erkennen Sie das meistens gleich an seinem aufgeplusterten Gefieder, den kleinen Augen und am übermäßigen Schlafbedürfnis. Zudem steckt er seinen Kopf ins Rückengefieder und möchte sich beim Schlafen nicht stören lassen. Welche Krankheit oder Unpäßlichkeit ihn befallen hat, geht aus diesen Anzeichen leider nicht hervor.
So können Sie auch nur allgemeine Mittel zu seiner Wiederherstellung einsetzen: Die Bestrahlung mit Infrarotlicht ist meistens sehr hilfreich. Der Vogel darf dabei einer Wärme von etwa 32 °C ausgesetzt sein, natürlich muß er Möglichkeiten haben, sich in kühlere Zonen

zurückzuziehen. Zu trinken geben Sie ihm am besten Kamillen-, Fenchel- oder Spitzwegerichtee, bei Durchfall darf es auch leichter schwarzer Tee sein.

Reibt der Vogel seine Augen häufig an einer Sitzstange, sind die Lider gerötet oder geschwollen, handelt es sich um eine Bindehautentzündung. Sie entsteht manchmal durch eine Futterspelze oder durch ein Sandkorn, das ins Auge geraten ist. Die verklebten Augenlider werden vorsichtig mit Kamillentee oder Borwasser ausgewaschen. Selbst nur eine leichte Bindehautentzündung ist ein Herd für eine bakterielle Infektion. Sie muß mit einer Antibiotikum-Augensalbe behandelt werden, die Ihnen der Tierarzt verschreibt.

Kratzen sich die Zebrafinken viel, stochern hektisch mit dem Schnabel im Gefieder herum und sitzen nachts unruhig im Nest, dann sind sie vermutlich von Ungeziefer befallen.

Meist sind es Rote Vogelmilben oder Federlinge. Die Roten Vogelmilben sind Blutsauger und übertragen allerlei Krankheiten. Die Federlinge verdrücken sich ins Gefieder und leben von Federteilchen. Ihre Eipakete legen sie an die Federschäfte. Sind die Vögel stark von Federlingen befallen, leiden sie an Juckreiz. Diese Parasiten zerstören so nach und nach das Gefieder, so daß kahle Stellen entstehen. Zur Bekämpfung dieser Parasiten gibt es wirksame, für den Vogel unschädliche Mittel im Zoofachhandel zu kaufen.

Scheiden Ihre Zebrafinken gelben bis rötlichen Kot von breiiger oder flüssiger Konsistenz aus, besteht der dringende Verdacht, daß sie von Kokzidien infiziert sind. Ein weiteres Symptom für die Kokzidiose ist, wenn die Vögel apathisch und aufgeplustert herumsitzen und den Kopf nach hinten recken. Kokzidien sind einzellige Parasiten, die in der Darmschleimhaut schmarotzen. Zebrafinken, die den Sommer über in einer Gartenvoliere gepflegt werden, infizieren sich häufig mit Kokzidien, denn im feuchtwarmen Boden vermehren sich diese explosionsartig. Vor allem Jungvögel sind gefährdet, denn sie sterben oft an dieser Krankheit. Haben Sie auch nur den geringsten Verdacht, daß Ihre Zebrafinken von Kokzidien befallen sind, suchen Sie sofort einen Tierarzt auf, der Ihnen ein wirksames Mittel zur Bekämpfung verschreibt. Während der Behandlung sollten Sie dem Futter ein Vitamin-B-Präparat zusetzen.

Den Kot Ihrer Zebrafinken sollten Sie täglich kontrollieren, denn die Vögel können schnell *Durchfall* bekommen. Manchmal wird er nur durch eine Aufregung verursacht. Sobald sich die Vögel wieder beruhigt haben, ist diese Art von Durchfall vorüber. Zugluft, extreme Temperaturschwankungen, falsches oder verdorbenes Futter können ebenfalls Durchfall auslösen. Er läßt sich dann mit Fenchel-, Pfefferminz- und Schwarztee kurieren, in vielen Fällen hilft auch die Bestrahlung mit Infrarotlicht. Finden Sie die Ursache des Durchfalls nicht heraus, dann suchen Sie mit einer Kotprobe einen Tierarzt auf. Liegt eine Infektion vor, wird er Ihnen ein

Mittel verschreiben, mit dem Sie den Durchfall erfolgreich behandeln können.
Zebrafinken zeigen häufig _kahle Stellen_ im Gefieder. Oft werden sie durch ein zu intensives gegenseitiges Kraulen verursacht. Die soziale Gefiederpflege übersteigert sich dann, wenn zu viele Vögel in einem zu kleinen Käfig gepflegt werden. Meist sind es einzelne Vögel, die sich als Rupfer spezialisieren und ihren Artgenossen am Kinn, an den Wangen und im Nacken Federn auszupfen. Diese Unart wird deshalb zur Angewohnheit, weil den Rupfern die frisch nachsprießenden Federn besonders gut schmecken. Zudem enthalten die Federkiele das begehrte Calcium. Die Rupfer lassen manchmal ihre Unart, wenn man ihnen genügend Nistmaterial zur Beschäftigung anbietet und sie ausreichend mit Mineralstoffen versorgt. Haben diese Maßnahmen keinen Erfolg, muß man die Rupfer von ihren Artgenossen trennen.
Ungeziefer – es sind vor allem Federlinge – verursachen ebenfalls Gefiederschäden. Die Parasiten benagen die Federwurzeln so stark, daß sie ausfallen. Maßnahmen zur Bekämpfung dieser Parasiten habe ich im Abschnitt »Ungeziefer« erwähnt.
Mineralstoff- und Vitaminmängel führen auch zu Gefiederschäden. Sie sind leicht zu beheben, wenn wir die Vögel das ganze Jahr über ausreichend mit Mineralstoffen und Vitaminen versorgen.
Zu lange Krallen, die bei den Zebrafinken selten vorkommen, stutzt man mit einer Nagelzange oder einem Nagelclip. Die zu lang gewachsenen Krallenenden werden etwa 2 mm vor den Nervenenden und Blutgefäßen – zu erkennen im Gegenlicht – abgeschnitten. Haben Sie versehentlich zu kurz geschnitten, dann tritt Blut aus dem Krallenende, das durch Betupfen mit Eisenchloridwatte gestillt werden kann.
Möchten Sie überlange Krallen nicht selbst kürzen, dann suchen Sie einen Tierarzt oder Ihren Zoofachhändler auf.
Die _Kürzung der Schnabelspitze,_ die nur selten erforderlich ist, sollte ein Tierarzt vornehmen. Es ist nämlich nicht damit getan, die Spitze abzuschneiden; es kann zu Blutungen und Behinderungen des Vogels führen. Der Tierarzt muß vielmehr das Schnabelhorn ganz vorsichtig von den Seiten her abtragen.
Knochenbrüche heilen bei den Zebrafinken meistens sehr schnell. Ein gebrochener Flügel ist oft schon nach zwei Wochen wieder belastbar.

Richtiges Krallenschneiden: links richtig, rechts falsch.

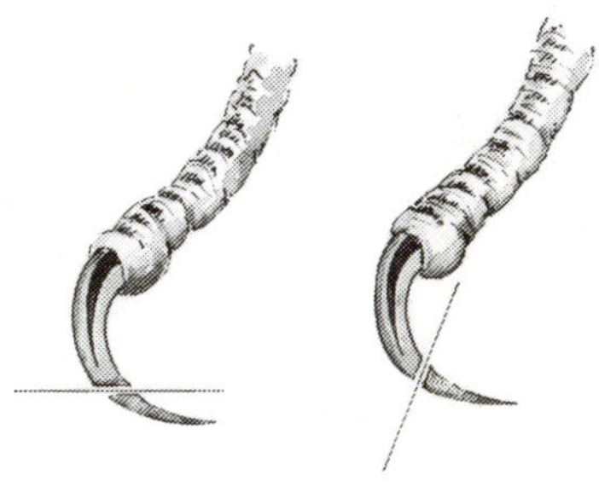

Ein leichter Flügelbruch, bei dem der Flügel kaum herabhängt, kann ohne Schienung gut zusammenheilen. Während der Genesungszeit bringt man den Patienten in einem kleinen Käfig ohne Sitzstangen unter.

Hängt der gebrochene Flügel stark herab, sollte er mit Leucofix oder einem anderen Klebeband in natürlicher Lage fixiert werden. Am besten werden beide Flügel mit dem Klebeband am Körper umrollt, so daß der Vogel nicht herumflattern kann. Man setzt ihn ebenfalls in einen Käfig ohne Sitzstangen. Nimmt man nach der Heilung das Klebeband wieder ab, kostet das den Vogel zwar ein paar kleine Rücken- und Bauchfedern, doch der Bruch ist fast immer gut verheilt.

Hat ein Zebrafink den Fuß gebrochen, dann muß er geschient werden. Als Schiene eignet sich ein der Länge nach aufgeschnittener Plastik- oder Strohtrinkhalm. Die Schiene wird mit Leucofix oder einem anderen Klebeband befestigt. Der Halm kann auch mit Nähgarn umwickelt werden, den Knoten versiegelt man mit einem Tropfen Uhu-Klebstoff. Zur Genesung des Patienten bringen Sie ihn am besten für 2 bis 3 Wochen in einem kleinen Käfig ohne Sitzstangen unter.

Brüche heilen nicht immer perfekt zusammen, doch in den meisten Fällen sind die bleibenden Behinderungen nur geringfügig. Der Vogel lernt sehr schnell, mit ihnen zu leben.

Im allgemeinen leiden die Zebrafinken nicht an Legenot. Bei sehr jungen Weibchen kann sie jedoch eintreten, weil ihre Muskulatur noch nicht kräftig genug ausgebildet ist, um das Ei auszustoßen. Weibchen von schwächlicher Konstitution, die auf ungenügende Versorgung mit Vitaminen und Mineralstoffen zurückzuführen ist, geraten oft in Legenot. Ein plötzlicher Temperaturabfall – er tritt häufig in Gartenvolieren auf – kann Legenot bei den Weibchen verursachen.

Ein Weibchen, das an Legenot leidet, sitzt entweder mit gesträubten Federn auf einem Zweig oder hält sich nur auf dem Boden auf. Es ist aufgeplustert, steckt den Kopf jedoch meist nicht ins Rückengefieder, sondern sitzt mit geschlossenen Augen unter großen Schmerzen hilflos da. Der Unterleib ist verdickt, die Kloakenumgebung oft schon gerötet. Das Ei können Sie mit dem Finger vorsichtig erfühlen.

Ein Weibchen mit Legenot sollte so schnell wie möglich mit Wärme behandelt werden. Sie setzen es unter eine Infrarotlampe, im Umfeld darf die Temperatur bis zu 35 °C ansteigen. Besitzen Sie keine Infrarotlampe, dann reiben Sie die Afterumgebung mit lauwarmem Speiseöl ein und machen dabei leichte, kreisende Massagebewegungen mit der Fingerkuppe rund um die Kloake. Sie können das Weibchen auch so in ein feuchtwarmes Tuch einwickeln, daß nur noch der Kopf herausschaut. Bei all diesen Behandlungsmethoden stößt das Weibchen meistens das Ei innerhalb weniger Minuten aus.

Zucht

Die Zucht der Zebrafinken

Voraussetzungen

Zebrafinken brüten sehr bereitwillig und zuverlässig, wenn einige Grundbedingungen erfüllt werden. Ihr Käfig darf nicht zu klein sein, damit sie auch ein wenig Raum haben, um fliegen zu können. Das ist für die Eltern besonders wichtig, denn sie benötigen eine gute Kondition, um ihre Jungen großzuziehen. Zweckmäßige Nistkästen oder -körbchen sind ebenfalls erforderlich. Meist sind die käuflichen zu klein, denn die Zebrafinken wollen ja noch ein Nest hineinbauen und später bis zu sechs Junge darin großziehen. Darum sollten Nistkästen eine Größe von mindestens 12 × 12 × 12 cm haben. Vorn sind sie am besten halb offen, mit einer kleinen Sitzstange davor. Auch die Nistkörbchen sollten dieselben Maße aufweisen. Es gibt sie seit einiger Zeit im Zoofachhandel. Aus zu kleinen Körbchen fallen die Jungen manchmal heraus, weil nach dem Nestbau kaum noch Platz für eine ausreichende Nesthöhle bleibt.
Zum Nisten verwenden die Zebrafinken trockene und frische Gräser, Sisal- und Kokosfasern sowie Scharpie. Mit Scharpie und kleinen Federchen polstern sie gerne ihr Nest aus, damit es schön weich und warm ist.
Bietet man jungen Zebrafinken Nistmaterial an, dann brüten sie schon im Alter von 4 bis 5 Monaten. Leider verlaufen solche Bruten selten erfolgreich. Zudem schwächt es die Jungvögel, wenn sie zu früh Nachwuchs aufziehen müssen. Junge Weibchen geraten oft in Legenot und sterben daran. Darum sollten Sie Ihren Zebrafinken erst im Alter von 10 bis 12 Monaten die Gelegenheit zum Brüten geben. Notfalls sollten Sie vorher jede Nistgelegenheit entfernen, so daß die Vögel auf einem Zweig schlafen müssen.

Nistkästen für Zebrafinken.

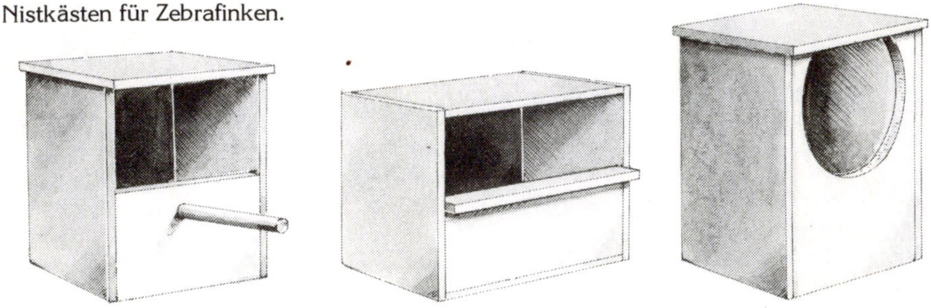

Zucht

Balz, Paarung, Eiablage

Mit dem Auf- und Abflirren des Schwanzes fordert das Weibchen das Männchen zur Paarung auf.

Zebrafinken brüten zu jeder Jahreszeit, vorausgesetzt, man hält sie im Haus bei Zimmertemperatur. Bis auf den Winter sorgen sie auch in einer Gartenvoliere das ganze Jahr über für Nachwuchs. Die Paarbildung beginnt mit der Balz: Das Männchen fliegt zuerst ein paarmal vor seiner Auserwählten von Zweig zu Zweig hin und her. Wenn es dann neben ihr landet, verbeugt es sich tief und kehrt ihr den Schwanz zu. Das gleiche tut sie, verbeugt sich sogar öfter als das Männchen. Es hüpft nun singend auf das Weibchen zu, mal links, mal rechts herum den Zweig ergreifend. So präsentiert es sich von allen Seiten, sträubt auch noch das Brust- und Bauchgefieder sowie die orangefarbenen Wangenflecke.

Damit die rotbraune Flankenzeichnung ebenso wie das Brustband wirkungsvoll zur Geltung kommt, werden die Flügel etwas angehoben. Bei soviel Schönheit kann das Weibchen nicht widerstehen, verbeugt sich mehrmals und bleibt dann in geduckter Haltung und fordert das Männchen mit Auf- und Abflirren des Schwanzes zur Paarung auf.
Schon während der Balz hat sich das Paar für einen Nestplatz entschieden. Die Vögel schlüpfen öfter in den Korb oder Kasten und beginnen mit dem Nestbau. Bündelweise sammelt das Männchen zuerst gröberes Nistmaterial und trägt es im Schnabel haltend zum Nistplatz. Mit vielen Unterbrechungen ist das Männchen mit dieser Arbeit etwa eine Woche lang beschäftigt, manchmal ist sie aber auch schon nach zwei Tagen

Balzendes Zebrafinkenmännchen.

erledigt. Während das Männchen das Material heranschafft, sitzt das Weibchen am Nistplatz und verarbeitet die Halme zu einem stabilen kugelförmigen Nest mit seitlichem Einschlupf. Im Innenteil werden weichere Halme und Fasern eingeflochten, die Legemulde wird vorzugsweise mit weißen Federchen ausgepolstert.

Im fertiggestellten Nest legt das Weibchen in täglichem Abstand in der Regel 5 bis 6 Eier in die Mulde. Gelege von nur 4 oder bis zu 8 Eiern gehören zu den Ausnahmen.

Brütete das Weibchen vom ersten gelegten Ei an, würden die Jungen nacheinander mit einem Tag Abstand schlüpfen. Bei der Fütterung wären dann die jüngeren Nestlinge den älteren unterlegen, denn die stärkeren würden den schwächeren immer zuvorkommen. Die Nachzügler hätten dann kaum eine Überlebenschance. Indessen beginnt das Weibchen erst dann zu brüten, wenn wenigstens 4 Eier im Nest liegen, oft auch noch später. Deshalb schlüpfen die Jungen im allgemeinen gleichzeitig,

Das Männchen befliegt das Weibchen.

Zucht

Das Männchen schafft Nistmaterial für den Nestbau heran.

höchstenfalls innerhalb von 1 bis 2 Tagen.

Oft sitzen die Eltern schon im Nest, nachdem das erste Ei gelegt ist. Sie brüten dann allerdings noch nicht, das heißt, sie drücken ihren stark durchbluteten Brutfleck, der die Brust- und Bauchregion einnimmt, nicht gegen die Eier.

Brut und Aufzucht der Jungen

Die Brutdauer beträgt bei den Zebrafinken knapp zwei Wochen. Werden die Vögel in Außenvolieren gehalten, dann kann sich die Brutzeit bei kühlem Wetter auf 15 bis 16 Tage verlängern. Auch häufige Störungen am Nest verzögern den Schlupf der Jungen.

Die Eltern brüten abwechselnd. Das Männchen löst das Weibchen am Tage für kürzere oder längere Perioden ab. Nachts sitzt das Paar gemeinsam im Nest; das Gelege liegt dann allerdings meist unter dem Weibchen.

Sind die Jungen nach knapp zwei Wochen geschlüpft, dann haben sie ihre schwerste Arbeit hinter sich gebracht: Zum Schlüpfen müssen sie mit dem Eizahn, der auf der Oberschnabelspitze sitzt, die Schale von innen anbohren. Erst wenn ein Loch entstanden ist, platzt unter den Bewegungen des Embryos das Ei in zwei Teile. Aus den beiden Eihälften kann sich der Jungvogel leicht herauszappeln.

Die frischgeschlüpften Nestlinge zeigen eine rosige Hautfarbe. Oberseits sind sie von hellgrauen Dunen bedeckt. Die Haut über den noch geschlossenen Augen ist schwärzlich, ebenso die Spitze des anfangs hornfarbenen Schnabels. Einige Tage darauf ist der Schnabel schon lackschwarz gefärbt. Nach der ersten Woche beginnen bei den jungen Zebrafinken die Flügel- und Schwanzfedern durchzubrechen, und in der Rückenmitte sowie an den Flanken zeigen sich die Federfluren. Alle Zebrafinken sind noch blind, bis sie acht Tage alt sind, dann allerdings öffnen sich die Augen. Lagen sie vorher kreuz und quer im Nest zusammengekuschelt, so drehen sie sich jetzt mit dem Schnabel zum Licht, also zum Einschlupf, durch den

die Eltern Nahrung bringen. Die Jungen liegen alle nebeneinander und, bei einem engen Nest, auch übereinander. Nach einer Woche entwickeln die Nestlinge schon genügend Eigenwärme, und auf ihrem Rücken sprießen schon die ersten Federn; die Altvögel müssen dann die Jungen nicht mehr hudern. Aber ihr Hunger wird immer größer, so daß nun beide Eltern fast unentwegt zur Nahrungsbeschaffung unterwegs sind. Schon am ersten Lebenstag betteln die Nestlinge: Zuerst sind es leise, wimmernde Rufe, die bald zu lautem Bettelgeschrei anschwellen. Wie alle Prachtfinken halten auch die Zebrafinken ihr Nest nicht sauber. Die Jungen schieben sich einfach rückwärts gegen die Nestwand und setzen dort den Kot ab. So entsteht innerhalb des Nestes ein harter Kotring, der immer höher wird. Mit dem Größerwerden schieben sich die Jungen immer weiter hinauf, so daß schließlich das ganze Nest wie auszementiert wirkt.

Nach etwa 16 Tagen ist das Gefieder der Nestlinge schon so weit ausgebildet, daß es den ganzen Körper bedeckt. Vor lauter Ungeduld schlagen sie jetzt öfters mit den Flügeln, als ob sie schon das Ausfliegen üben müßten. Im Alter von 20 bis 22 Tagen sind die Jungen flügge und verlassen das Nest. Anfangs fliegen sie noch recht unsicher. Nach den ersten Flugversuchen kehren die Jungen nach kurzer Zeit wieder ins Nest zurück, denn

Die Nahrungsversorgung der flügge gewordenen Jungen übernimmt mehr und mehr der Vater.

nur dort werden sie gefüttert. Die Versorgung der flüggen Jungen übernimmt fast ausschließlich der Vater. Indessen ist das Weibchen meist schon wieder mit einem neuen Gelege beschäftigt, so daß es wenig Zeit hat, sich um die flüggen Jungen zu kümmern. Sie werden noch 2 bis 3 Wochen lang vom Männchen gefüttert, und zwar zunehmend außerhalb des Nestes. Am Abend kehren Jungvögel und Eltern wieder ins Nest zurück, um dort gemeinsam die Nacht zu verbringen.

Nach dem Flüggewerden

Versorgen Sie die flügge gewordenen Zebrafinken regelmäßig mit Keimfutter, dann haben sie keine Schwierigkeiten, Hirsekörner von ihren Spelzen zu trennen. Sie sind beim Keimfutter teilweise schon aufgesprengt und sitzen nur noch locker um die Körner. Die Jungvögel lernen so schneller und leichter das Entspelzen des Korns. Füttert man dagegen von Anfang an nur harte Körner, so werden sie oft mit den Spelzen verschluckt, was Darmkrankheiten verursachen könnte.

Im Alter von 5 bis 6 Wochen ernähren sich die Jungvögel selbständig, meistens werden sie dann von den Eltern aus dem Brutnest verjagt.

Manchmal baut oder sucht sich das Paar ein neues Nest und überläßt das alte den Jungen. Leben noch andere Jungvögel in der Voliere, scharen sie sich mit ihnen zusammen.

Nach etwa zwei Monaten zeigen die Jungen die gleiche rote Schnabelfarbe wie die Altvögel. Sie dunkelt im Laufe der nächsten 4 bis 6 Wochen noch nach, wobei die Färbung bei den Männchen kräftiger wird. Ebenfalls nach zwei Monaten beginnen sich die Jungvögel zu mausern, sie legen dann ihr Erwachsenenkleid an. Die anstrengende Zeit des Federwechsels überstehen die jungen Zebrafinken normalerweise sehr gut. Nur schwächliche oder mangelhaft und einseitig ernährte Jungvögel erkranken während der Mauser oder überstehen sie nicht.

Das Verhalten der Zebrafinken

Ihr Leben miteinander

Zebrafinken sind gesellige Vögel. Zwar leben sie mit einem Partner zeitweise gern für sich, doch ist es optimal, wenn sie auch mit anderen Paaren zu den sogenannten sozialen Stunden zusammenkommen können. Sie sitzen dann beieinander, betreiben Gefiederpflege und hören auf den Gesang der Männchen. Den Zebrafinken ist das regelmäßige Zusammenkommen mit Artgenossen so wichtig, daß sie in einer lockeren Kolonie brüten. Dabei beansprucht jedes Paar einen Busch oder einen Teil eines großen Strauches für sich. Sie halten also einigen Abstand von Nest zu Nest.

Bevor die Zebrafinken auf Nahrungssuche gehen, treffen sie sich auf ihrem Versammlungsbaum und fliegen dann gemeinsam los. Es werden Futterplätze, Tränke und Bad also stets gemeinsam von allen oder – zur Brutzeit – von den abkömmlichen Vögeln besucht.

Auf ihrem Versammlungsbaum – es können auch Sträucher sein – besetzen die Zebrafinken bestimmte Äste für Balz und Paarung. Andere Zweige sehen sie für die gegenseitige Gefiederpflege und das Kontaktsitzen vor. Zebrafinken benützen spezielle Warten zum gemeinsamen Ausflug und zur Rückkehr, von dort suchen dann die einzelnen Paare ihre Brut- und Schlafnester auf.

Die Partner und die flüggen Jungvögel erkennen sich gegenseitig an ihren Stimmen. Sogar benachbarte Brutpaare werden an ihrem speziellen Gesang identifiziert. Das gilt natürlich nicht für den ganzen Schwarm, der immerhin aus 100 Einzelvögeln bestehen kann.

Die unterschiedliche Färbung von Männchen und Weibchen spielt bei der Paarfindung eine Rolle: Die Männchen zeigen darum bei der Balz ihre Wangenflecke, die Zebrazeichnung der Kehle, das Brustband und die Flanken. Die Weibchen werden an ihrem schlichten Gefieder und am blasseren Schnabel erkannt. Jungvögel werden wegen ihres schwarzen Schnabels nicht angebalzt, obwohl sie im Gefieder den erwachsenen Weibchen weitgehend gleichen. Erst wenn die Jungvögel den roten Schnabel zeigen – ein Zeichen der Geschlechtsreife –, werden sie als Partner akzeptiert. Im allgemeinen beenden Weibchen die Jungmauser früher als die Männchen. Sie suchen dann einen Partner, der schon sein Prachtkleid angelegt hat und sie anbalzt. Da die eigenen Brüder zu diesem Zeitpunkt meist noch nicht voll ausgefärbt sind, kommt es selten zu Geschwisterehen.

Zebrafinken benehmen sich untereinander im allgemeinen recht friedfertig. Es gelten jedoch für das Zusammenleben Regeln, die eingehalten werden müssen. So wird ein unbekannter Artgenosse,

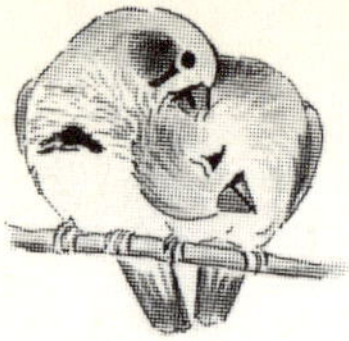

der sich in den Nestbereich eines Paares gewagt hat, mit einem Wutschrei verjagt. Ergreift der Fremdling nicht rechtzeitig die Flucht, wird er mit vorgestreckten Füßen vom Zweig geschubst. Setzt sich ein unbekannter Vogel neben das Nest, genügt es oft schon, wenn der Besitzer den Schnabel auf ihn richtet und mit vorgestrecktem Hals einen Angriff androht. Sitzen die Vögel nebeneinander, dann kann sich ein Schnabelgefecht entwickeln, bei dem sie mit den Schnabelspitzen gegeneinander hakken. Das geht so lange, bis einer der Kontrahenten weichen muß und vom Überlegenen noch ein Stück verfolgt wird.
Schnabelklappern bei der Balz gilt einerseits als Beschwichtigungsgeste, andererseits als Drohgebärde gegenüber einem fremden Artgenossen. Seitliche Schnabelbewegungen, die dem Abwischen auf einem Zweig ähneln, können Teil der Balz sein, aber auch eine Art Verlegenheitsgeste.
Alle Prachtfinken haben eine arttypische Rachenzeichnung, so auch die Zebrafinken. Bei den Nestlingen tritt sie besonders markant hervor, etwas abgeschwächt bei den Altvögeln. Zusammen mit den weißen Schnabelrandwülsten, die bei aufgesperrtem Schnabel den äußeren Ring bilden, ist der Rachen mit der Zeichnung die rechte Zielscheibe für die Eltern. Sie löst zusammen mit den kreisförmigen Kopfbewegungen der Jungen beim Bitten und beim Bettelgeschrei den Fütterungstrieb aus.
Die Rachenzeichnung ist bei den Zebrafinken so gestaltet, daß ein schwarzer Ring rund um die weißliche Zunge verläuft. Gleich hinter dem Unterschnabel zeigt sich ein schwarzer Fleck. Im oberen Gaumen sind in der Mitte drei schwarze Punkte mit weißem Saum, der schwarz eingegrenzt ist. Die Seiten des oberen Gaumens sind durch zwei weitere schwarze Punkte gekennzeichnet.
An der Rachenzeichnung erkennen die Zebrafinkeneltern die Jungen und füttern sie. Es gibt aber auch viele Berichte, wonach Zebrafinken die Jungen anderer Prachtfinken großgezogen haben, die eine andere Rachenzeichnung hatten.

Kontaktsitzen und Gefiederpflege

Die Zebrafinken lieben den Körperkontakt. Das enge Aneinanderkuscheln mag aus dem Bedürfnis nach Wärme hervorgegangen sein, ist inzwischen aber zu einer sozialen Verhaltensweise geworden. Männchen und Weibchen sitzen am häufigsten aneinandergeschmiegt. Dieser Kontakt fördert die Paarbildung. Manchmal schmiegen sich auch zwei Weibchen eng aneinander. Dieses Verhalten ist bei erwachsenen Männchen fast nie zu sehen. Da-

Oben: Zimtfarbener Schwarzbrust-Zebrafink (Männchen)
Unten: Weißer Zebrafink (Männchen)

Verhalten

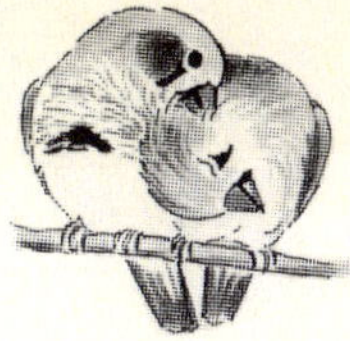

Während des Kontaktsitzens pflegen die Zebrafinken gegenseitig ihr Gefieder.

gegen setzen sich die Jungvögel verschiedener Paare zu oft langen Reihen nebeneinander.
Während des Kontaktsitzens pflegen die Zebrafinken gegenseitig ihr Gefieder. Der putzbedürftige Vogel fordert seinen Nachbarn auf, indem er ihm Kehle, Kopf oder Nacken hinhält und zugleich seine Federn etwas abstäubt. Der Putzer zieht eine Feder nach der anderen durch den Schnabel und glättet sie. Auch Fremdkörper und Hautschuppen werden aus dem Federkleid herausgepickt. Dem behandelten Vogel gefällt diese Prozedur, denn er verdreht seinen Kopf auf die genüßlichste Art und Weise.
Tut der Putzer dem behandelten Vogel weh, entzieht er ihm seinen Kopf oder fliegt davon. Hält man die Zebrafinken in zu kleinen Käfigen, so entwickeln sich manche Putzer zu Rupfern. Diese Verhaltensweise wird durch Streß ausgelöst und kann zur Gewohnheit werden.

Gefiederpflege: Mit Zehen und Krallen werden die Nackenhaare geordnet.

Seite 56:
Zebrafinken leben gesellig: Sie treffen sich täglich zum Kontaktsitzen, dabei pflegen sie gegenseitig ihr Gefieder und hören auf den Gesang der Männchen.

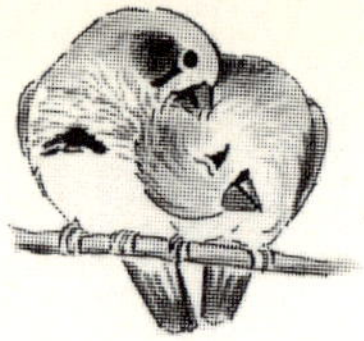

Verhalten

Weitere Verhaltensweisen

Die Zebrafinken suchen ihre Nahrung vorwiegend am Boden. Reicht man ihnen Sträuße von frischreifer Hirse oder anderen Sämereien, hangeln sie an Kolben und Rispen, um dort die Körner direkt herauszuklauben. Rispen, die in der Nähe von Sitzstangen angebracht sind, werden mit dem Schnabel herbeigeholt und mit dem Fuß festgehalten. Zebrafinken erbeuten Insekten, vor allem Termiten, im Fluge. Ihre Weichteile werden mit dem Schnabel ausgequetscht und verspeist, Chitinhüllen und Flügel weggeworfen.
Die vorverdaute Nahrung erhalten die jungen Zebrafinken von ihren Eltern unter pumpenden Bewegungen von Kropf zu Kropf. Dabei hält der Nestling den Schnabel des Altvogels mit dem eigenen so fest umklammert, daß er oft erst abgeschüttelt werden muß.
Wie die meisten australischen Prachtfinken haben auch die Zebrafinken das sogenannte Saugtrinken gelernt: Sie tauchen ihren Schnabel tief ins Wasser und saugen es schnell in ihren Kropf. Durch diese rationelle Wasseraufnahme entgehen die Vögel vielen Gefahren, denn an den Tränken lauern besonders viele Freßfeinde wie beispielsweise Warane, Schlangen und Greifvögel.
Um Greifvögeln zu entgehen, flüchten sich die Zebrafinken in ein nahes dichtes Gebüsch. Sie machen sich dort ganz

Die vorverdaute Nahrung erhalten die jungen Zebrafinken von ihren Eltern unter pumpenden Bewegungen von Kropf zu Kropf.

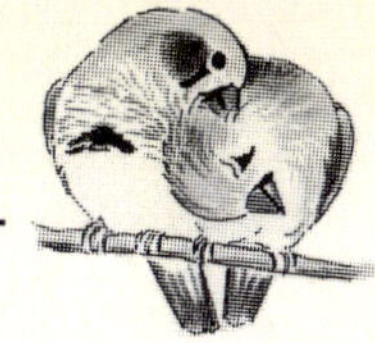

schlank und bleiben lange Zeit regungs- und lautlos sitzen. Hinterher wird um so heftiger gezetert, so als wollten sich die Vögel gegenseitig von der eben überstandenen Gefahr berichten.

Rufe und Gesang

Die Zebrafinken rufen in verschiedenen Lauten; sie alle haben eine spezifische Bedeutung und sind nur in bestimmten Situationen zu hören. Die Rufe sind angeboren, brauchen also nicht erlernt zu werden.
Am häufigsten ist bei Zebrafinken der Stimmfühlungslaut zu hören, er hört sich wie ein »dät« an. Er wird von allen Schwarmmitgliedern ausgestoßen, und zwar halblaut in kürzeren oder längeren Abständen. Dieser Ruf soll die Schwarmmitglieder zusammenhalten, vor allem dann, wenn sie ihre Nahrung auf dem Boden suchen und sich dabei zeitweise nicht sehen können.
Der Lockruf ist beim Zebrafinken das trompetenartige »däät« oder »tiää«, das hin und wieder zu hören ist und von anderen Zebrafinken beantwortet wird. Dieser Lautruf soll die Schwarmmitglieder vornehmlich zur Versammlung auffordern, bevor sie gemeinsam zur Nahrungssuche gehen.
Zum Distanzruf wird der Locklaut, wenn er noch lauter und heller gebracht wird. Dieser eindringliche Ruf ist sehr weit zu hören und hat wohl die Aufgabe, Mitglieder zurückzulocken, die sich zu weit vom Schwarm entfernt haben. Auch versprengte Vögel finden durch die langgezogenen »tiäää«-Rufe, die gegenseitig beantwortet werden, wieder ihre Gesellschaft.
Während der Balz lassen Männchen wie Weibchen oft den Erregungsruf hören. Er ähnelt dem Locklaut, wird aber in langen Rufreihen ausgestoßen. Das Männchen ruft durchdringender und zweisilbig, das Weibchen leiser und nur einsilbig. Der Nestlockruf, der sowohl vom Männchen wie vom Weibchen zu hören ist, klingt wie ein leises, klägliches Wimmern. Diese Laute werden bei der Nestplatzsuche sowie während des Nestbaus ausgestoßen. Sie steigern den Nestbautrieb und festigen den Zusammenhalt des Paares. Auch wenn sich die Partner beim Brüten ablösen, lassen sie dieses zarte Wimmern hören. Dieser Laut dient also auch zum Erkennen des Partners und zur Beschwichtigung.
Der Paarungsruf der beiden Partner während der Kopulation hört sich wie ein Zirpen oder Trillern an. Er klingt wie ein leiser Erregungslaut. Mit einem lauten Wutgeschrei werden andere Zebrafinken aus der Nähe des Nestes vertrieben. Es hört sich wie ein »wissssst« an.
Als Warnlaut vor Feinden stoßen die Zebrafinken einen besonders hellen, fast schrillen Ruf aus, der dem Distanzruf ähnelt.
Den einsilbigen Angstschrei stößt der Zebrafink dann aus, wenn er von einem Artgenossen oder einem Fremdvogel im Nacken gepackt wird. Auch wenn ein Freßfeind einen Zebrafinken erwischt hat, ist der Angstschrei zu hören,

manchmal auch, wenn man ihn mit der Hand fängt.
Die Bettellaute der Nestlinge klingen zuerst wie ein leises Wimmern; sie werden aber von Tag zu Tag lauter, bis sie zu dem typischen »tjet tjet tjet« anschwellen. Flügge Jungvögel betteln mit einem ohrenbetäubenden Gekreische.
Zum Gesang: Nur die Zebrafinken-Männchen singen, vor allem bei der Balz, manchmal auch – mit ungerichtetem Gesang –, wenn sie sich im Schwarm aufhalten. Die etwas bauchrednerisch hervorgebrachten Töne hören sich wie ein Glucksen und Zwitschern in schneller Folge an. Der Gesang ist nicht sehr variationsreich, eher monoton. Im Gegensatz zu den Rufen muß der Gesang von den jungen Zebrafinken-Männchen größtenteils erlernt werden. Das erklärt, warum ein sehr jung erworbenes Männchen, das nur mit einem Weibchen zusammenlebt, keine typische Melodienfolge zustande bringt. In die kurze Gesangsstrophe werden Locktöne gemischt.

Sinnesleistungen

Das Sehvermögen

Das Sehvermögen ist bei Zebrafinken sehr gut ausgebildet. Da die Augen weit seitlich am Kopf sitzen, können sie nicht räumlich gerichtet sehen. Dafür überblicken sie aber ein großes Feld, was fast einer Rundumsicht gleichkommt. Sie ist auch lebensnotwendig, denn aus allen Richtungen können Gefahren für die Vögel auftauchen. Zudem möchte der Zebrafink als Schwarmvogel jederzeit über das Treiben seiner Nachbarn informiert sein. Für punktuelles Sehen drehen sie den Kopf in fast alle Richtungen, was ihnen der lange Hals spielend ermöglicht.
Ob ein Greifvogel am Himmel kreist oder ein winziges Futterkorn am Boden liegt, alles sieht der Zebrafink jederzeit deutlich und farbig. Die schönen Gefiederfarben der Männchen haben als Teil der Balz große Bedeutung.

Das Gehör

Die Zebrafinken haben ein feines Gehör. Das merken wir schon daran, daß sie auf die leisesten Laute ihrer Artgenossen und auf Fremdgeräusche reagieren. Rufe der Artgenossen aus weiter Entfernung werden registriert und beantwortet.

Zebrafinken können nicht nur alle Töne im Frequenzbereich des menschlichen Hörvermögens wahrnehmen, sondern noch ein Stück darüber im Ultraschallbereich. Darum sollten Sie Ihre Pfleglinge vor den hohen Frequenzgeräuschen des Fernsehers abschirmen.
Alle Zebrafinken lauschen dem Gesang der Männchen. Vor allem junge Männchen hören andächtig zu, um alle Nuancen des Stimmrepertoires ihrer Väter zu erlernen.

Der Geruchssinn

Bei den Zebrafinken ist der Geruchssinn nicht besonders gut ausgeprägt. Dennoch können sie riechen: Auf Tabakrauch reagieren sie mit Unbehagen, ebenso auf die Gerüche von Lackfarben und Verdünnern. Vermutlich nehmen die Vögel diese starken Gerüche mit ihrer »Nase« wahr. Auf jeden Fall sollten Sie Ihre Zebrafinken in einen anderen Raum umquartieren, wenn Malerarbeiten ausgeführt werden oder eine Party mit vielen Rauchern stattfindet.

Der Geschmackssinn

Auch der Geschmackssinn ist bei den Zebrafinken nicht besonders stark ausgebildet. Sie sind aber in der Lage, süß und sauer, salzig und bitter zu unterscheiden. Sie merken das, wenn Sie beispielsweise einen süßen und einen sauren Apfel gleichzeitig reichen. Der saure wird dann prompt verschmäht. Reichen Sie Kräutertees, werden diese häufig verweigert. Süßt man sie dagegen mit etwas Bienenhonig, dann sind die Tees sehr begehrt. Wegen des oft sehr unterschiedlichen Geschmacks werden manche Wildkräuter mit Begeisterung verzehrt, andere dagegen verschmäht.

Die Farbspielarten

Der graue Zebrafink

Der graue oder wildfarbene Zebrafink ist so gefärbt, wie er in freier Natur vorkommt. Allerdings sollen die Schauvögel keine braunen Federsäume mehr auf der Oberseite aufweisen und am Bauch möglichst weiß gefärbt sein. Wenn Sie also Wert auf Schauvögel legen und selbst züchten und ausstellen möchten, dann achten Sie darauf, gut gefärbte Graue zu bekommen, die auch

in Größe und Form dem Standard entsprechen.
Das graue oder wildfarbene Männchen ist wohl der schönste Zebrafink. Das scheint die Meinung vieler Liebhaber zu sein, denn der Graue wird am meisten gehalten und gezüchtet. Die kräftige Färbung sorgt für gute Kontraste, auch sind die Wangenflecke und Weichenbänder leuchtend rostrot. Wildlebende Zebrafinken haben eine hellrote Iris. Sie ist bei den hier gezüchteten Vögeln nur noch selten vorhanden. Die meisten Zuchtvögel besitzen eine dunkelbraune oder schwarze Iris.
Dem grauen Weibchen fehlt – wie auch bei anderen Farbspielarten – die schwarze Zeichnung auf Kehle und Brust, ferner die Wangen- und Flankenzeichnung. Kehle, Brust und Bauch sind hellgrau gefärbt.

Der zimtfarbene Zebrafink

Der »Zimter« trägt die wildfarbene Zeichnung, doch hat sich deren graue Farbe in eine braune umgewandelt. Der Zimter ist entweder 1927 oder 1940 erstmals durch eine Mutation in Australien aufgetreten. Bei diesem Farbschlag fehlen die Eumelanine, die beim wildfarbenen Vogel die grauen und schwarzen Gefiederfarben verursachen. Statt dessen produziert dieser Mutant zusammen mit den ohnehin braunen Phäomelaninen nur zartbraune Farbtöne. Alle anderen Zeichnungen wie Wangenflecke und Weichenbänder behalten die Farben der Wildlinge. Die Mutation der Zimter vererbt geschlechtsgebunden. Da es sehr gute Zimter gibt, können Männchen und Weibchen (Zimt × Zimt) ohne Nachteile für den Farbschlag verpaart werden. Sinnvoll ist auch, ein von Typ und Größe hervorragendes wildfarbenes Männchen mit einem Zimt-Weibchen zu kreuzen.

Der Hellrücken-Zebrafink

Diese Rasse hat nicht nur einen hellen Rücken, sondern eine insgesamt pastellartig aufgehellte Oberseite. Dabei zeigt sich der Nacken hellgrau ohne jedes Braun, während der Rücken ein schönes helles Braun mit Grauschimmer haben soll. Stirn und Oberkopf sind hellgrau mit leichter Schuppung in Schwarz. Die gesamte Unterseite ist schneeweiß, auch die Unterschwanzdecken. Die Kehl- und Brustzeichnung des Männchens ist schwarz, wenn auch nicht ganz so tiefschwarz wie bei den grauen Zebrafinken. Die Schwanzzeichnung, der Tränen- und Schnabelstrich sind ebenfalls schwarz. Wangenflecke und Flankenzeichnung haben eine rostrote Farbe, die jedoch deutlich heller ist als beim grauen Zebrafink.
Es gibt auch Hellrücken in Zimt. Bei ihnen ist die Unterseite auch schneeweiß. Oberkopf und Nacken sind bei dieser Farbspielart kühler zimtfarben gehalten als der Rücken und die Flügeldecken.
Die Hellrücken tauchen erstmals 1954

in der Schweiz auf. Populär wurde dieser Farbschlag aber erst nach 1964, als die ersten Hellrücken in Holland eintrafen. Die Zucht dieser Rasse – sie vererbt geschlechtsgebunden – ist nicht schwer. Marmosett × Hellrücken oder umgekehrt ergeben hellrückige Männchen, die spalterbig in Marmosett sind. Bei Verpaarungen mit guten Grauen oder Zimtern kann die sonst zu helle Zeichnung verstärkt werden.

Der silberfarbene Zebrafink

Silberfarbene Zebrafinken, die zuerst in Australien auftraten, gibt es seit 1954. Die Oberseite dieser Vögel soll ein helles Silbergrau sein, was aber züchterisch nicht immer erreicht wird. Braune Federsäume sind recht häufig, so daß die Farbe ungleichmäßig wirkt. Tränen- und Schnabelstrich sowie Zebrazeichnung und Brustband sollen bleigrau aussehen. Wangenfleck und Flankenband sind heller als bei grauen Zebrafinken, können aber auch weiß sein. Das sind zwei Zuchtrichtungen ein und derselben Mutation.
Die Farbe Silber vererbt sich dominant über die Wildfarbe. Bei einer Verpaarung von Silber × Grau wird die Hälfte der Vögel silberfarben und die andere grau sein. Die Kreuzung Silber × Silber sollte man unterlassen, da ein Teil der Nachkommen nicht lebensfähig ist; meist stirbt der Embryo schon im Ei.

Der Creme-Zebrafink

Dieser Farbschlag entsteht durch die Kombination von Zimt und Silber. Creme-Zebrafinken sind ihrer zarten Farbe und der hübschen Zeichnung wegen sehr beliebt. Um sie herauszuzüchten, müssen Zimt und Silber verpaart werden. Kreuzt man Creme-Zebrafinken mit Zimtern, dann erhält man Jungvögel, die je zur Hälfte creme- bzw. zimtfarben sind. Die Farbintensität der Wangenflekke und Flankenbänder fällt bei den Creme-Zebrafinken unterschiedlich aus, ein Erbgut der silberfarbenen Vorfahren.

Der Marmosett-Zebrafink

Der fast weiße Marmosett-Zebrafink mit den markanten Zeichnungen der Wildform wird zu Recht als eine der schönsten Farbspielarten angesehen. Im Jahre 1937 konnten einige Marmosett-Weibchen in Australien gefangen werden, sie sind die Stammütter dieses Farbschlags. Die Farbspielart vererbt sich geschlechtsgebunden: Aus Verpaarungen von Marmosett-Weibchen und wildfarbenen Männchen konnten junge Männchen gezüchtet werden, die spalterbig marmosett waren. Die Farbspielart wurde gefestigt, indem die Mütter mit den Söhnen verpaart wurden. Die ersten Marmosett-Zebrafinken gelangten 1953 nach Europa, sie wurden begeistert aufgenommen.
Gute Marmosetts erzielt man durch Auslese. Allerdings treten dabei immer

wieder Individuen mit dunklerer Oberseite auf und Vögel, die kleiner bleiben. Deshalb sollten auch gute Zimt-Männchen mit Marmosett-Weibchen verpaart werden. Da beide Mutationen geschlechtsgebunden vererben, sind die jungen Männchen alle wildfarben, allerdings spalterbig in Zimt und Marmosett. Unter den Marmosetts gibt es rot- und schwarzäugige Vögel, was allerdings fast nur bei gerade geschlüpften Jungen zu sehen ist.

Der weiße Zebrafink

Die weißen Zebrafinken wurden als erste Farbspielart schon 1921 in Australien gezüchtet. Wenige Jahre später kamen sie nach Europa. Wegen der häufigen Inzucht waren sie anfangs kleine und schwächliche Vögel. In den 50er und 60er Jahren konnten die weißen Zebrafinken zu großen, kräftigen Vögeln verbessert werden. Jungvögel zeigen fast immer graue oder zimtfarbene Federn an Stirn und Nacken. Die meisten Vögel verlieren diese Federn schon nach der ersten Mauser, andere behalten sie, die Federn verblassen aber mit dem Älterwerden.
Weiß × Weiß ist heute die gebräuchlichste Zuchtmethode. Gute Weiße sind auch aus folgender Verpaarung zu erwarten: Weiß × Schecke, der spalterbig in Weiß ist. Graue oder zimtfarbene Zebrafinken brauchen zur Verbesserung von Typ und Größe nicht eingekreuzt zu werden.

Die weißen Zebrafinken sind keine Albinos, denn sie haben noch schwarze Farbstoffe in den Augen. Die echten Albinos mit roten Augen sind Nachkommen von Marmosett-Eltern. Es wird vermutet, daß sie geschlechtsgebunden vererben.

Der Schecken-Zebrafink

Einem dänischen Züchter gelang es Anfang der 30er Jahre, die ersten Schekken herauszuzüchten. Bei diesen Vögeln fallen teilweise Pigmente aus, das heißt, manche Gefiederpartien sind weiß aufgehellt. Schecken, die auf Ausstellungen Preise erringen möchten, sollten möglichst in allen Gefiederpartien aufgehellte (weiße) Felder zeigen. Tränenstrich, Wangenfleck, Brustband und andere Merkmale sollten weiß durchbrochen sein.
Schecken vererben gegenüber grauen Zebrafinken und Zimtern rezessiv. Werden Schecken mit weißen Zebrafinken verpaart, sind die Nachkommen – je nach Erbanlage der Eltern – zu 50% oder gar zu 100% scheckenfarbig.

Der Pinguin-Zebrafink

Wann Pinguin-Zebrafinken in Australien auftraten, ist nicht bekannt. Jedenfalls kamen von dort die ersten Vögel dieses Farbschlages 1949 nach Belgien, bald danach tauchten sie auch in anderen europäischen Ländern auf.

Farbschläge

Typisch an diesem Farbschlag ist die reinweiße Unterseite beim Männchen ohne Zebrazeichnung, Brustband, Schnabel- und Tränenstrich. Dagegen sollten Wangenflecke, Flankenbänder und Oberseitenfarbe dem Wildtyp entsprechen.
Pinguin-Zebrafinken sind wild- und zimtfarben am eindrucksvollsten, während die Creme- und Silber-Pinguins nur einen blassen Kontrast zeigen. Selbst bei Grauen und Zimt-Pinguins ist es schwer, eine kräftig gefärbte Oberseite herauszuzüchten. Vor allem bei älteren Männchen wird der Rücken zunehmend weiß gefleckt. Die Vögel dieses Farbschlages sind im Vergleich zum Wildtyp recht klein, deshalb sollte man eine ständige Verpaarung von Pinguin × Pinguin vermeiden. Besser ist es, hin und wieder Graue oder Zimter einzukreuzen.
Allerdings tritt dann bei den meisten jungen Männchen der F_2-Generation – zwar abgeschwächt – wieder die unerwünschte Zebra- oder Brustzeichnung hervor. Sie verliert sich manchmal nach der ersten oder zweiten Mauser, so daß diese Vögel als reine Pinguins gelten können.

Der Schwarzbrust-Zebrafink

Für die Zebrafinken-Freunde war es geradezu eine Sensation, als die ersten Schwarzbrust-Zebrafinken auftauchten. Diese Mutation trat 1968 bei einem deutschen Züchter auf und fand sehr schnell viele Liebhaber. Bei dieser Farbspielart hat sich das Brustband so breit erweitert, daß die Zebrazeichnung von ihm verdeckt wird; die schwarze Brust reicht nun fast bis zum Kinn. Eine weitere Veränderung dieses Farbschlages sind die weißen Punkte auf den Flankenbändern, die sich zu länglichen Streifen umgebildet haben. Auch die weiße Querbänderung auf den Oberschwanzdecken mußte einer Längsstreifung Platz machen. Zudem fehlt dem Schwarzbrust der Tränenstrich, dafür zeigt er einen verstärkten Schnabelstrich. Die Wangenflecke haben sich ebenfalls vergrößert und stoßen bei manchen Vögeln sogar auf dem Scheitel zusammen. Die Federn der Oberseite sind braun gesäumt.
Diese rezessiv vererbende Farbspielart hat die Farbpalette fast verdoppelt, denn die Schwarzbrust-Zebrafinken lassen sich mit den meisten anderen Farbschlägen kombinieren.

Der Isabell-Zebrafink

Die ersten Isabellen traten 1962 bei einem holländischen Züchter auf. Die Isabellen zeigen eine Farbvariation zwischen Creme und Zimt. Die Zebrazeichnung und die Querbänderung auf dem Schwanz ist bei ihnen nur angedeutet. Dafür haben sie aber intensiv ausgebildete orangebraune Wangenflecke und Flankenbänder, die dem Wildtypus entsprechen. Tränen- und Schnabelstriche fehlen, ebenso das Brustband.

Farbschläge

Der Rotbrust-Zebrafink

Im Jahre 1978 kaufte ein belgischer Liebhaber in einem Zoogeschäft einen Zebrafinken mit einer orangeroten Brustzeichnung statt der üblichen schwarzen. Nachdem dieses Männchen bei ihm nicht für Nachwuchs sorgte, wurde es an den bekannten belgischen Züchter Chabot verkauft. Ihm glückten Nachzuchten noch im gleichen Jahr. Chabot gelang es, die spalterbigen Töchter mit diesem außergewöhnlichen Männchen zurückzukreuzen. So konnte er Jungvögel dieser rezessiv vererbenden Mutation an holländische und deutsche Züchter abgeben.
Bei den Rotbrust-Zebrafinken ist nicht nur das Brustband orangerot wie die Wangenflecke gefärbt, sondern auch die Zebrazeichnung der Kehle, der Tränen- wie der Schnabelstrich und die Querbänderung der Oberschwanzdekken. Die rotbraunen Phäomelanine verdrängten in diesen Zonen die schwarzen Eumelanine.
Durch Kombination mit anderen Farbschlägen entstanden viele interessante Rotbrustvögel. Vor allem bei Verpaarungen mit Schwarzbrustvögeln sind sehr hübsche Zebrafinken erzielt worden.

Der Gelbschnabel-Zebrafink

Gelbschnäblige Zebrafinken gibt es schon seit 1953. Es handelt sich um eine rezessiv vererbte Mutation, bei der der Schnabel hellgelb gefärbt ist.
Die gelbe Schnabelfarbe kann auf alle Farbspielarten vererbt werden. Manche Farbschläge sehen mit gelbem Schnabel besonders gut aus; das trifft vor allem für die Marmosett-Zebrafinken zu. Bei rotschnäbligen Zebrafinken verblassen die Schnäbel, wenn sie in schlechter Kondition sind. Das trifft vor allem für die Weibchen zu, die mehrere Bruten hinter sich haben. Diese Vögel gehören nicht zu den gelbschnäbligen, denn ihre Schnabelfarbe zeigt kein reines Gelb, sondern erscheint mehr oder weniger orange.

Der Hauben-Zebrafink

In Japan waren Zebrafinken mit einer Federhaube auf dem Kopf schon länger bekannt; sie kamen aber erst 1972 nach Europa. Sie sehen recht hübsch aus, vor allem wenn sie schon die angestrebte flache Rundhaube tragen. Bei vielen Haubenvögeln stehen allerdings die Federn noch recht wirr auf dem Kopf.
Der Haubenfaktor vererbt dominant. Wird ein Haubenvogel mit einem glattköpfigen Partner verpaart, so trägt die Hälfte der Nachkommen auch eine Haube. Die Hauben-Zebrafinken sollten nicht miteinander verpaart werden, weil dann ein Teil der Jungen nicht lebensfähig ist.
Den Haubenfaktor kann man in jede Farbspielart einkreuzen. So sind recht hübsche Kombinationen von Haube und Farbe entstanden.

Anhang

Der Timor-Zebrafink

Der Timor-Zebrafink ist eine Wildform, die auf der Insel Timor und auf einigen der benachbarten Kleinen Sundainseln lebt. Er trägt den wissenschaftlichen Namen *Taeniopygia guttata guttata*. Da er früher entdeckt wurde als der australische Zebrafink, gilt er als Nominatform. Diese Unterart ist 1–2 cm kleiner als der Schauzebrafink. Das Männchen trägt nur ein sehr spärliches Brustband. Die Zebrazeichnung der Kehle ist unvollständig vorhanden und wirkt eher silbrig. Vom Kopf bis zum Rücken ist die Farbe dunkler und brauner. Die Stimme des Timor-Zebrafinken ist etwas höher, der Gesang weicht etwas von dem des australischen Zebrafinken ab.
Die Unterschiede beider Rassen sind so groß, daß sie nicht vermischt werden sollten. Empfehlenswert ist es, den Timor-Zebrafinken rein zu züchten und von ihm einen Stamm aufzubauen, denn man findet ihn nur sehr selten in unseren Volieren.

Anhang

Vereine und Verbände:

Als Zebrafinken-Liebhaber werden Sie sicherlich den Wunsch haben, mit anderen Freunden dieser Prachtfinkenart Kontakt aufzunehmen. Es gibt in vielen Städten Vogelliebhabervereine, denen auch viele Zebrafinkenzüchter angehören. Es ist allerdings oft schwer, diese ausfindig zu machen. Darum sollen nachfolgende Anschriften von Vereinen und Verbänden Ihnen helfen, Kontakte zu knüpfen.

AZ, Vereinigung für Artenschutz, Vogelhaltung und Vogelzucht e.V., Geschäftsstelle: Helmut Uebele, Postfach 1168, D-71501 Backnang, Tel. (07191) 82439. Organ: »AZ-Nachrichten«, erscheint monatlich für die Mitglieder.

Deutscher Kanarienzüchter-Bund e.V. (DKB), Bundesgeschäftsführer: Kurt Hettinger, Karl-Theodor-Straße 18, D-68766 Hockenheim, Tel. (06205) 7218. Organ: »Kanarienfreund«, erscheint vierzehntägig.

Deutsche Zebrafinken-Interessengemeinschaft (DZI). In dieser Gemeinschaft sind viele und führende Zebrafinkenzüchter Mitglied. Kontaktadresse: Bruno Hartwig, F.-W.-Leede-Weg 7, 49419 Wagenfeld.

Anhang

Estrilda, Vorsitzender Dr. Karl Kaiser, Ostmarkstraße 19, 48145 Münster, Tel. (0251) 37086.

EXOTIS, Schweizerischer Verband für Zucht und Pflege exotischer Vögel. Verbandssekretär: Bruno Steffen, Dorfstraße, CH-3364 Seeberg, Tel. 063-681201. Organ: »Gefiederter Freund«, erscheint monatlich für Mitglieder und Abonnenten.

Vereinigung »Ziergeflügel- und Exotenzüchter e.V.« Geschäftsführerin: Anita Wöhrmann, Spreeaue 14, D-03130 Spremberg/L., Tel. 03563/96550. Organ: »Ziergeflügel und Exoten«, erscheint monatlich für die Mitglieder.

Zebravinken Speciaalclub, Fachgruppe für Zebrafinken im NBvV. Kontaktadresse: D. J. Elzinga, Hunzedal 73, NL-9531 GD Borger, Tel. 05998/35065. Organ: »Onze Vogels«, erscheint monatlich für Mitglieder beim Nederlandse Bond van Vogelliefhebbers, Postbus 74, NL-4600 AB Bergen op Zoom.

Fachzeitschriften:

Aktuelles aus der Vogelwelt
Verlag Wilhelm Geistlinger, Postfach 14, A-5421 Adnet; erscheint monatlich.

Die Voliere
Verlag M. & H. Schaper GmbH & Co. KG, Postfach 1642, D-31046 Alfeld; erscheint monatlich.

Gefiederter Freund
Schriftleiter Josef Zehnder, Geschäftshaus Lerchenfeld, CH-9535 Wilen b. Wil, Abonnementsannahme Bruno Steffen, Dorfstraße, CH-3364 Seeberg; erscheint monatlich.

Gefiederte Welt
Herausgeber Dr. Joachim Steinbacher. Erscheint monatlich im Verlag Eugen Ulmer GmbH & Co., Wollgrasweg 41, D-70599 Stuttgart.

Geflügel-Börse
Verlag Jürgens KG, Industriestraße 13, Postfach 1529, D-82102 Germering; erscheint vierzehntägig.

Kanarienfreund
Hanke-Verlag GmbH, Postfach 1040, D-75110 Pforzheim; erscheint vierzehntägig.

Literaturverzeichnis:

ASCHENBORN, C.: Die Prachtfinken, Albrecht Philler Verlag Minden 1984
BIELFELD, H.: Prachtfinken, Verlag Eugen Ulmer Stuttgart 1986
– : Atlas Prachtfinken, Horst Müller Verlag Walsrode 1982
DELPY, K.-H.: Volieren, Albrecht Philler Verlag Minden 1975
EBERT, U.: Vogelkrankheiten, Verlag M. & H. Schaper, Hannover 1972
FISCHER, W.: Die Australischen Prachtfinken, Albrecht Philler Verlag Minden 1987

Immelmann, K.: Die Vogelwelt Australiens, Verlag Eugen Ulmer, Stuttgart 1983
Jödicke, R.: Prachtfinken-Züchtung, Verlag Eugen Ulmer Stuttgart 1984
Kemna, A.: Krankheiten der Stubenvögel, Albrecht Philler Verlag Minden 1966
Kloeren, H.: Zebrafinken, Horst Müller Verlag Walsrode 1983
Koepff, C.: Das neue Prachtfinken-Buch, Gräfe und Unzer München 1983
Kronberger, H.: Haltung von Vögeln – Krankheiten der Vögel, VEB Gustav Fischer Verlag Jena 1973
Martin, H. J.: Zebrafinken, Gräfe und Unzer München 1985
Radtke, G. A.: Domestizierte Prachtfinken, Albrecht Philler Verlag Minden 1985
Raethel, H.-S.: Krankheiten der Vögel, Franckh'sche Verlagshandlung Stuttgart 1966
Robiller, F.: Prachtfinken, VEB Deutscher Landwirtschaftsverlag Berlin 1978
– : Käfige und Volieren in Haus und Garten, VEB Deutscher Landwirtschaftsverlag Berlin 1983
Sabel, K.: Naturgemäße Finkenzucht, Joko-Verlag Bassum 1983
Schnabl, H.: Wild-, Kulturpflanzen, Futtermischungen und Animalische Futterstoffe zur Vogelernährung, Ornibook-Verlag Köln 1984

Register

Register

Register